U0021058

大是文化

點餐，帶上這本書

50道經典名菜故事和
名家獨門食譜，讓你懂「吃」

英國BBC高收視料理節目《星期六廚房》製作人
詹姆斯‧溫特（James Winter）——著
陳芳誼——譯

Who
Put the Beef
into
Wellington

MENU

1　開胃菜，其實為了快開心

II 在特別的日子，點這道特別的料理，你說出這個特別的故事

III　甜點中的極品

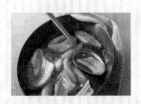

33

38

34

37

39

35

36

40

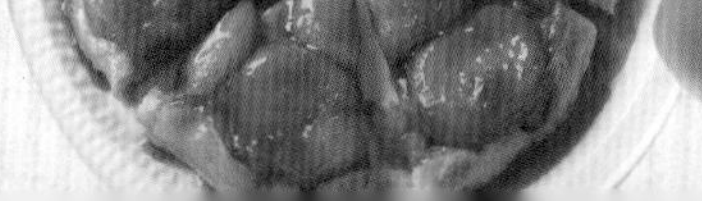

IV 打通關！今晚我要把這些杯中物全喝過一輪——經典調酒

The WALDORF-ASTORIA

推薦序一

食，神了！這些人

國立高雄餐旅大學餐旅管理研究所教授／郭德賓

　　近年來，政府積極推動臺灣美食國際化政策，想辦法將臺灣料理推廣至世界各地，某單位就希望我能將中文菜單翻成英文，並且介紹每一道菜的由來典故與製作方法，以方便外國遊客點餐，並且對臺灣美食留下深刻的印象。

　　本來以為這是一件很容易的工作，但當我看到「蒼蠅頭」、「紅燒獅子頭」、「螞蟻上樹」、「夫妻肺片」這些菜名時，才驚覺中華飲食歷經 5,000 年的孕育，發展成「魯、蘇、徽、浙、閩、粵、湘、川」八大菜系，食材包羅萬象，文化博大精深，每一道菜背後都有一個典故，絕非幾句英文，就能夠讓外國人了解。

　　記得有一年，我帶學生去歐洲參訪時，邀請瑞士洛桑旅館管旅學院（Ecole hôtelière de Lausanne）的教授，介紹法國的飲食文化，我們看到滿桌不同的餐具——製作食物要去骨挑刺、吃蔬菜要用叉子、吃魚肉要用魚刀、吃牛排要用牛排刀，感覺非常麻煩。我就請教他，中國人只要一雙筷子就吃遍山珍海味，而且不用去骨也不用挑刺，為什麼法國人吃飯要這麼麻煩？他只是淡淡的回答我：「Frenchman craze, Chinese wonderful!」（法國人瘋了，中國人神了！）讓我印象非常深刻。

　　因此，當我看到這本由英國 BBC 料理節目的一級製作人詹姆

斯‧溫特（James Winter）所撰寫的 50 道經典名菜的故事，以及料理門道時，心中真的有無限的感慨。

本書介紹了 50 道世界經典名菜的起源，探討發明者受到什麼啟發、運用哪些食材，以及如何經過時間的考驗成為經典名菜，圖文並茂，內容相當生動有趣，讓我們對這些耳熟能詳的各國經典料理，有了更深刻的了解與體認。

此外，作者在介紹這 50 道世界經典名菜中，唯一入選的中國菜「宮保雞丁」時，認為「這道菜包含世人對中華料理的各種期待」，更讓我們了解在西方人眼中的中華飲食文化。

因此，本人樂於為文推薦這本由大是文化出版的《點餐，帶上這本書》，不論從餐飲的角度來學習世界經典名菜的製作，或是從文化的角度來了解各國的飲食文化，亦或是從歷史的角度來探討世界經典名菜的歷史典故，都是一本值得細細品嚐、一再回味的好書。

推薦序二
有故事的菜，光想，就令人垂涎三尺

鹽之華法國餐廳主廚兼經營者／黎俞君

記得我去義大利時，在許多餐廳的菜單中發現了一道八竿子打不著的菜名「俄羅斯沙拉」（即本書第 42 頁的奧利維爾沙拉），當時覺得納悶，相隔十萬八千里的俄羅斯，怎會跟義大利菜扯上關係？在法國進修時，我在許多餐廳中也發現這道沙拉，甚至在西班牙任何一間小酒館或是餐廳的菜單裡，都可以見到這道菜的身影，讓我心中存疑很久。

「俄羅斯沙拉」的基底是由馬鈴薯與美乃滋構成，我在西西里島吃過鮪魚的版本，也在其他地區吃過雞肉或融合當地特產的版本。每一種版本都非常美味，同時展現出各地特色與風情，不禁勾起我對這個寒冷國家的好奇。

這道沙拉究竟是如何攻進這些國家，並成為當地受歡迎的菜色？讓我好奇不已、想探索背後的故事（其過程在書中皆有介紹，請容我先賣個關子），並起了一個念頭，就是製作一道專屬臺灣版的俄羅斯沙拉。

有一年，我前往一間位於北義布雷西亞（Brescia）小鎮的百年餐廳，與餐廳的廚師交流。他們有一道獨創的菜餚「老祖母的烤肉

棒」，是將牛肉切薄片捲在小圓棍外圍，再經由炭火烘烤。這道與炭火交織而成的菜色，散發獨特香味，令人回味再三。

當時，餐廳的老祖母 Lidia 不僅告訴了我這道菜的起源，也聊起了家族、餐廳、小鎮的點點滴滴與歷史變遷，以及地方特產（如：布雷西亞烤小鳥串燒），讓這道菜吃起來更有味道也充滿畫面。

離開城鎮時，老祖母把伴隨餐廳走過將近半世紀的小圓棍送給了我，當我從她的手中接過來時，我知道自己所承接的不單單只是一道菜餚的延續，而是包含了一個地區的文化、一段家族的歷史與創作的生命歷程。

時至如今，常回想布雷西亞的微風、桌邊笑語、廚房中令人歡欣與忙碌的情境。

我始終相信，飲食是文化的基礎，想要了解一個地方，只要看當地的人們吃什麼，便可窺探端倪，古今皆然。

「華爾道夫沙拉」帶你體驗 19 世紀的典型紐約精神；「加冕雞」重溫英國女王加冕大典的奢華與隆重；「羅西尼嫩牛排」讓你化身為熱愛美食的音樂家；餐後不妨來份「帕芙洛娃脆餅」，想像絕世芭蕾舞伶的翩翩舞姿，令人驚豔卻是曇花一現的美；最後再來一杯「柯夢波丹」，感受在慾望城市的尖端時尚與拜金風潮……。

本書不僅告訴我們美味菜餚的典故，並有相當生動且詳實的描述。跟著詹姆斯・溫特，還可以嚐盡書中美味的精隨，甚至可以小試身手。

推薦序三
乘著美食時光機，
縱觀名菜的誕生

法式派翠克餐廳主廚／范姜群煜

　　不論是專業餐飲人或美食愛好者，拜讀這本書，心中有滿滿說不出的溫暖，像是坐著時光機，緩緩進入美食故事的時光隧道，親自目睹一道道西方美食的誕生，篇後還附註了食譜作法，也帶領你到了上菜時間，讓你大快朵頤、滿足口腹之欲。

　　一位好廚師，可以去市場逛一圈，拎回好食材就能做出好料理。但是，當熟客突然造訪，他早已吃遍你的料理時，你要打開冰箱，憑著自己的嗅覺與想像，做出依然驚豔的料理，這才是頂尖的廚師。

　　凱薩在冰箱只剩萵苣時，想出了最經典的沙拉之一，成為名菜。法國名廚杜南，就在食材困窘的馬倫哥戰役中，做出了拿破崙喜愛的義式白酒燉雞。

　　本書作者詹姆斯・溫特把名菜的故事和料理的手法，交織成一幅又一幅動人的畫作：

　　瑪麗之家餐廳推出帶有法國革命情懷的法式焗龍蝦；廚皇艾斯科菲耶（他是我最推崇的偉大廚師之一）創作出的法式香煎比目魚片，與歌劇相同命名：薇若妮卡，蔚為經典法式菜餚中的經典；法國名廚杜格利爾根據巴黎名交際花得來的靈感，設計了安娜馬鈴薯派（或稱

安娜洋芋），甚至是西餐廚師必備與必須會做的食譜。

無庸置疑，這本膾炙人口的美食典故，就像阿拉伯民間故事集《一千零一夜》一樣，充滿引人入勝的情節與想像，賦予了食物美麗的生命。

可以剛看完一篇，更期待下一篇。沙拉之後是主菜，再上甜點，最後是調酒。讓你有了看完故事的好心情，更讓你有了想品嚐名菜的好胃口，這是多麼美好的人生！

推薦序四
每一口「吃」「喝」，都是文明演進的盛宴

世界頂尖調酒節大賽雙料冠軍／尹德凱

我一向熱愛此類書籍，倒不是裡頭的食譜可以讓你從素人變大廚，而是我更喜歡閱讀作者展現出對料理、食材的歷史知識及博學。

本書吸引之處，除了美味食譜可以讓你捲起衣袖，為自己及心愛的人下廚，端上一桌好菜或製作一杯專屬的雞尾酒之外，還少見的附上其背後的故事，無論是史實記載或野史逸聞，總是引人入勝，畢竟我們每一口的「吃」、「喝」，都是文明演進過程中的盛宴。

現今許多的經典菜色及雞尾酒，大多從王宮貴族的廚房、坊間名廚，或當時名流雅士所流連忘返的餐廳、酒館而出，因此也可從其文字的背後，一窺那年代輪番不斷的迷人時刻。

誰能不熱愛美食？享受美酒？有句法國諺語：「沒有酒的一餐，就像沒有太陽的一天。」在生活中，音樂與藝術滋養著我們的精神感官，而完美的酒食經驗，佐以經驗交織，絕對有助心靈成長（我的酒肉好友則解釋為：宿醉有助於心靈沉澱）。

各種形式風味的美饌珍釀，伴隨著我們的口腹之欲，或是在某些回憶的片段裡湊上一角，度過每個沉醉的時時刻刻。

1862 年，美國調酒之父傑瑞・湯瑪士（Jerry Thomas）出版了史上第一本雞尾酒書籍《調酒師指南暨調酒作法大全》（*The Bartender's Guide*），就在序言中引用了莎士比亞的名言「好酒無需招牌」（Good wine needs no bush）。

真正經典傳世的酒款，就像件偉大的藝術品，不僅讓人牢記，同時也回味無窮。傑瑞・湯瑪士的著作在 19 世紀末出版，正式宣告雞尾酒黃金年代的來臨，到了 21 世紀的今天，我們稱為新的黃金年代，廚藝技術的革命、分子概念、食物乾燥機、真空袋、低溫烹調開始進入吧檯裡，讓一切可能用於雞尾酒的元素「解構」再「結構」，讓我們原本以為的不合理變合理。

但無論多麼新穎的技術或概念所創造出的酒譜配方，多少皆可嗅出任何一杯經典雞尾酒的影子，像是 1935 年所出版的《舊華爾道夫阿斯多里亞酒吧之書》（*The Old Waldorf-Astoria Bar book*）中，就有一杯摻水烈酒形態（Grog）的雞尾酒，酒譜材料裡記載著「Formosa Oolong Tea」（臺灣烏龍茶），雖然我們的國飲早已揚名國際多時，但這是頭一遭被記載下來！

雞尾酒的發展史不過短短的百餘年，但這些調配的「公式」肯定都有人做過。因此，經典雞尾酒的酒譜公式與故事背景是何等重要。至今，仍然有許多經典雞尾酒的起源與原始配方讓相關學者頭痛萬分，不過對於享受製作及品飲的樂趣卻絲毫不減！

本書特選 10 杯聞名世界的經典雞尾酒，並附上製作酒譜，也講解了這些雞尾酒背後的來龍去脈，帶領讀者進入當時的時空背景。

我們可以從此書所收入的酒款裡，讀到素有「雞尾酒之王」的馬丁尼，到近代的「新經典」柯夢波丹的故事與作法，不僅告訴你在家裡製作一杯雞尾酒並非難事，也會讓你更加認識手上的雞尾酒！

推薦序五

創作新料理，從回顧他的故事（history）開始

英國廚藝大師／詹姆斯・馬丁（James Martin）

為了要完全理解食物，你必須投入心力，不能只是張口吃而已；你必須在生活和呼吸間體驗料理的全部。有些人鎮日鎮夜研究食譜，有些人和我一樣選擇親自下廚，至於本書作者詹姆斯・溫特則走出了第三條路，在閱讀本書的過程中，你會慢慢領略其中真義。

我已認識溫特超過 20 年，他的美食相關知識堪稱翹楚、無人能敵。我時常在英國 BBC 頻道《星期六廚房》（*Saturday Kitchen*）節目中運用那些知識。詹姆斯與眾多主廚、美食家和美食記者共事，同時又旅行世界各地品嚐各式美食。那些經驗讓他對食物擁有深刻的見解。雖然現在有許多年輕廚師都在跟潮流嘗試液化氮、虹吸瓶（espuma gun，慕斯槍）等現代的料理手法，但這本書所收錄的，卻都是經典的頂級美食。

身為一名廚師，我很早就發現，**若要發明新食譜，你必須要先回顧歷史**，很少料理是之前的人沒做過的。書中的食譜多年來經無數廚師的烹調，也不斷被改良，如今這類經典美食正慢慢重獲眾多廚師的青睞。

和食譜一樣重要的是食物背後的故事，包括最初是如何被研發出

來的，以及它們是如何獲得家喻戶曉、備受喜愛的名字。你會在本書中學到，華爾道夫沙拉（見第 36 頁）和班尼迪克蛋（見第 54 頁）等眾多經典名菜為何能歷經時間的考驗，原本你得閱讀好幾本書才能了解其中的學問。本書將帶領你進行一趟美食之旅，了解精采萬分的事實和故事，讓你知道名菜的來龍去脈。

希望本書會給你許多啟發，你將跟隨法國高級烹飪藝術之父馬利安東尼·卡瑞蒙（Marie-Antoine Carême，傳統白色高頂廚師帽的發明者）、法國廚皇奧古斯特·艾斯科菲耶（Auguste Escoffier）和法國要求女賓止步的大廚阿爾道夫·杜格利爾（Adolphe Dugléré）等名廚一同學習，更重要的是，你得親自下廚，自己嘗試烹調這些傳奇名廚的食譜。

這些人是料理界的英國鐵道工程師羅伯特·史蒂文生（Robert Stephenson）、英國工程師伊桑巴德·金德姆·布魯內爾（Isambard Kingdom Brunel）和英國機械工程師詹姆斯·瓦特（James Watt），他們是前無古人後無來者的大師，他們的勤奮和創意所產出的成果，依然是如今料理界的骨架，而其中充滿了廚房時光的精采故事。

如果你真的想知道究竟是誰「將牛肉放到威靈頓」（按：本書原文書名為「Who Put the Beef into Wellington」），就請繼續讀下去，因為聽詹姆斯·溫特說名菜的故事就對了。

前言
一菜一故事，
這回用舌尖品味歷史

「發現一道新菜給人的喜悅，遠勝過發現一顆新星。」
——法國第一位美食作家，尚·安特爾梅·布里亞·薩瓦蘭
（Jean Anthelme Brillat-Savarin）

這是一段大膽、鋪張的話，但布里亞·薩瓦蘭本來就是個大膽、鋪張的男人。很少人像他一樣投入這麼多心力在美食上，也很少有人像他一樣品嚐過這麼多舌尖上的美味。他奉獻自己的一生來探索人和食物的關係，而且他熱愛每個細節。新菜餚讓他興奮，廚師的創意產物讓他陶醉。

薩瓦蘭在 19 世紀是重要人物，也是公認的第一位美食家。他於 1825 年出版了偉大的作品《味覺的生理反應》（*The Physiology of Taste*），該書著重於描寫美味和肥胖的議題，就算隔了一、兩百年，至今仍可引起現代讀者的共鳴。

揭開大廚在名菜施展的魔法

我不算是美食家，應該是一位老饕或敏銳的觀察家。我熱衷於了解人們和食譜經歷的旅程、走過怎樣的故事，才來到今天的地位和形成今天的模樣。因此，有些菜餚總能使我著迷，它們通常是以一個

© Corbis

▲凱薩沙拉（左圖，見第 30 頁），主演《亂世佳人》的美國國寶級電影明星克拉克．蓋博（Clark Gable）和美國奧斯卡影后洛麗泰．楊（Loretta Young）也跟著潮流，跑到墨西哥享用凱薩沙拉（右圖）。

人、一件事或甚至地名來命名。你可能會因此覺得，既然這種菜餚命名方式給了你第一個線索，剩餘的資訊自然會水到渠成，但事實上並非如此。

　　追溯料理的源頭和尋找新菜餚的工作，初期進行的非常困難。儘管布里亞．薩瓦蘭在美食界富有影響力和熱情，他卻從來沒有投入夠多的時間，去了解新菜餚當初是如何以及為什麼被發明。沒有將自己對料理的驚奇發現記錄下來的，不只有他一人。

　　本書的宗旨在於，**探索食物史上的偉大廚師曾施展出怎樣的料理魔法，揭開名菜的神祕面紗**。長久以來，很多食譜都沒有被寫下來，而且，被記錄時也往往無法保證是由菜餚的發明者所寫下。有時候會有好幾個人，在同時間發表相同的食譜，然而都沒有提及對方或指出食譜的來源。食物要多人共享，滋味才會比較好，食譜也是一樣，會迅速在不同的廚師及國家中流傳。因此，廚師經常會設法隱藏料理的具體細節，藉此保護其中的獨門配方不受抄襲、延長祕密的壽命和獨

家食譜的地位，並且對老饕收取較高的費用。

　　當廚師發明新料理時，他們當時根本不了解自己的創作有多重要，那道料理可能在某個晚上就被遺忘了，或在廚師逝世之後，於其他人的餐桌或菜單中再度復活。同時，我們也很難評判那些料理是否能夠通過時間的考驗。

　　有人說蛋白糖霜脆餅（meringue）或貝夏媚醬（béchamel sauce，又名白醬）這種非常實用又應用廣泛的食譜，本來注定會流傳後世、發揚光大；但有些單一料理像是蜜桃梅爾巴冰淇淋（見第 232 頁）或鬆煎鱈魚蛋（見第 164 頁），並非應用廣泛，卻也能留香百世。

　　其實，沒有說得通的原因和一定的標準，能解釋它們為何至今仍廣受歡迎或受到重視，因此本書的第二項任務是，挑選出光就材料而

▲威靈頓牛排，歡慶拿破崙戰敗滑鐵盧的料理（見第 92 頁）。

▲ 法式香煎比目魚片（左圖，見第 140 頁），打破命名規則，以喜歌劇《薇若妮卡》
　的主角命名，反而名聲大噪（右圖）。

言，似乎沒那麼出色的料理，卻能在百家爭鳴的美食界中屹立不搖。
本書共收錄 50 道食譜，每道菜背後都有一則故事，其中不乏曲折，
且最後都有個精采美味的收尾！

　　這些菜餚的起源出乎意料之外的難以追溯，雖然食譜的作法容易
取得，但當初的發明者卻在時光洪流之中被遺忘了。相關的遺聞軼事
四散各處，大多十分模糊。我盡可能的利用所能找到的資訊，將那些
片段資訊湊成一篇合情理的故事。

　　但就像所有的好故事一樣，其中有許多不同的版本和詮釋，因此
我敢說有些人可能會不同意我的說法，若是如此，我歡迎那些人分享
他們的想法，若能佐杯美酒暢談更好，然後糾正我的訛誤。

畫作可以永留傳，美食卻會瞬間消失

　　美食的創作存在於許多形式，可能是迅速突發誕生，也可能漫長且折騰，或處於兩者之間。**廚師就像所有的藝術家一樣**，他們的創作工具是水果、肉類、蔬菜和魚類，這些食材在我們周邊的店家都買得到。而我們和廚師的不同之處在於，如何將這些材料組合在一起，像是一幅拼圖可能有 100 萬種組合的方式，但只有厲害的大師能看透真正的畫面。

　　畫家和廚師之間的不同在於成品。在畫布上揮灑的油畫家，可以後退一步欣賞自己的創作：作品不會馬上分解或消失，更重要的是，不會被吃掉。通常畫家的名字和完成作品的日期都會手簽在畫上，而作品將會掛在畫廊牆上供人欣賞和喜愛。如果照料得宜的話，這幅畫還可以延續數百年，並且年年增值。

　　對廚師而言，他的作品擁有截然不同的命運。那畢竟是一盤食物，通常是一盤十分美麗、五彩繽紛的食物，但它們的生命週期很短，**目的是要刺激我們的味蕾和滿足我們的五臟廟**。而且食物一旦被吃光，就沒了。

▶火焰雪山，蛋白糖霜像美國阿拉斯加的雪地（見第 220 頁）。

▲ 歌劇院蛋糕（左圖，見第 250 頁），蛋糕形狀打破規範從圓變方，和巴黎歌劇院相似（右圖）。

然而，食譜就像照片，有限的記錄了料理的過程，也可以稱為一個範本，「食譜」只是要讓你有個自己動手料理的開始。它們是我喜歡烹調這些食物的方式，也有助於我貼近它們原創的樣子。當然，你也可以自行調整、變化和改良它們，這些都取決於你。

料理，因交換了人生故事而傳奇

食物的世界充滿了多采多姿的角色，下午時坐在餐廳裡的食客和逛過許多食物市集的人，都看得出來無論是買食物或賣食物，當中都不乏各式各樣充滿熱情的人。我熱愛這群人，他們是美食文化的血脈，而我想要介紹你認識一些料理歷史上的名字。書中的每一道菜都**像是一場戲劇演出，許多強大的創造力一起激盪、創造出新的食物。**

你在書中會讀到馬利安東尼・卡瑞蒙、奧古斯特・艾斯科菲耶、阿爾道夫・杜格利爾，以及法國名廚于爾班・杜柏瓦（Urbain Dubois）等廚師的故事；還有義大利女王、羅馬女神、俄羅斯王子和法國帝王的故事。

我會稍微提到他們的成就，同時將他們的貢獻納入多采多姿的食物史來檢視。他們都是偉大的男男女女，而我希望藉由將他們的作品聚焦在鎂光燈下，使關於他們的傳奇熠熠生輝，並且讓眾人看到過去數百年料理歷史的發展，如何受益於這些人的努力。

跟料理相關的書籍，在書店中早已汗牛充棟，許多報章雜誌也會在每一期中加上食譜的單元，但在一百年前可不是如此。本書中的50 道食譜道道經典，也都歷經了時間的考驗。一開始它們是經由廚師與廚師之間的口耳相傳而流傳下來，然後收錄在一些重要的烹飪書籍中，時至今日，則被全世界初出茅廬的廚師們不斷的反覆料理。

這些都是我愛煮的料理，更重要的是，它們也是我愛吃的料理，幫助我結交新朋友，讓我度過了許多美好的夜晚，和眾人一起交換人生故事和美食經驗。我希望書中的故事也能幫助你達到相同的成果，你可以隨你喜歡的方式閱讀本書，然後與他人分享味覺上的喜悅。

肚子餓了嗎？餓得受不了後就開始料理吧！

▶ 柯夢波丹，取名靈感來自同名的女性流行雜誌（見第 279 頁）。

I. 開胃菜，
其實為了快開心

© Mary Evans Picture Library

開胃菜不需要很華麗，

卻能引領下一道主菜的出場，

可以先把餓壞的胃撫平。

01 不愛江山愛美人，
美人愛上這道菜──
凱薩沙拉 Caesar Salad

我們得承認，對大部分的人來說，「沙拉」這兩個字並無法讓人熱血沸騰。這盤菜通常會與輕食和節食聯想在一起：當你為了節制飲食，而不應該吃某些食物時，沙拉只好變成退而求其次的選項。

然而，如果在沙拉前面加上「凱薩」二字，你就立即想到了星期六晚餐的盛宴──濃郁的醬料和翠綠的鮮味，把一盤平淡無味的萵苣

▶華里絲・辛普森（Wallis Simpson）是美國知名的社交名媛，她熱愛凱薩沙拉，但痛恨用手進食，所以她把萵苣葉切成小片狀，讓整盤沙拉比較好用湯匙舀來吃。

© Mary Evans Picture Library.

▶ 主演《亂世佳人》的美
國國寶級電影明星克拉
克．蓋博和美國奧斯卡
影后洛麗泰．楊也跟著
潮流，跑到墨西哥享用
凱薩沙拉。

葉，變成了一艘船艦，承載全世界最知名的沙拉料理。

　　凱薩沙拉是如此華美，以至於當你得知它起源於 1920 年代的美
國時，可能會很驚訝，因為當時可是嚴格執行禁酒令的年代。當年開
始禁酒的目的，是為了減少政治、社會的腐敗和家庭暴力。結果適得
其反，黑幫組織開始大規模製酒，供應給他們的非法酒館或酒吧。由
於禁酒令的施行，造成那些循規蹈矩的餐廳生意一落千丈。

　　其中一位奉公守法的廚師凱薩．卡丁尼（Caesar Cardini），他在
加州聖地牙哥有間餐廳。他羨慕的望著相隔不遠的墨西哥，因為在那
裡喝酒不是罪。於是凱薩和他的弟弟艾力克斯（Alex）決定在美墨邊
境的墨西哥提華納（Tijuana），開設他們的第二間凱薩義大利餐廳。

　　很快的，舞臺和螢幕明星都開著敞篷凱迪拉克（Cadillac，美國
通用汽車公司旗下的一個豪華汽車品牌，在北美甚至成為高品質與豪
華的同義詞）到凱薩的餐廳享用佳餚、美酒。

　　據傳，1924 年 7 月 4 日美國國慶日那天，餐廳實在擠了太多

人，導致食物供給不夠，冰箱裡只剩下萵苣葉，但在這麼多酒精橫流的狀況下，凱薩必須找些東西來填飽客人的肚子。他本身就有點表演慾，於是他靈機一動，想到在餐桌上和賓客面前準備一道沙拉：「讓他們以為這是餐廳私房菜吧！」他大聲一吼，然後就開始了。

時尚名媛、電影明星、時裝設計師，遠道慕名而來，更遠傳歐洲

不需贅言，凱薩沙拉立即大紅大紫，成為 1920 年代轟動的料理，名人如克拉克・蓋博和美國喜劇演員 W.C. 菲爾茲（W.C. Fields）都千里迢迢到提華納朝聖。「去吃凱薩」成為大眾趕流行的最佳假日活動。

於 1930 年代，美國時尚名媛中的名媛華里絲・辛普森，就是後來的溫莎公爵（Duke of Windsor，愛德華八世，遜位的英國國王）夫人，在多次旅遊墨西哥提華納的時候，愛上了凱薩沙拉。而且為了確保她的重要友人拜倫・羅富齊（Baron Rothschild，羅富齊家族是歐洲乃至世界久負盛名的金融家族後代）、法國時裝設計師伊夫・聖羅蘭（Yves Saint Laurent）都能嚐到，她還把食譜帶到歐洲，要求歐陸許多頂級餐廳的廚師，按她的指示料理這道菜。據說華里絲是第一個將萵苣葉切成小片、一口大小的人，這樣才不用拿在手上吃。

1938 年，凱薩一家搬到洛杉磯，在那裡開了一間美食餐廳，和女兒蘿莎（Rosa）一同經營，並開始在美國販售瓶裝的沙拉醬。有人說是因為他早期的老主顧拿著空酒瓶來裝沙拉醬；也有人說他們的事業先從在家裡裝瓶、貼標籤開始，然後用家用旅行車載到地方的農夫市場去賣。

同時，這道菜開始有了自己的生命——人們開始在沙拉上加雞肉或魚，讓沙拉看起來更豐富，甚至後來在餐廳裡，他的弟弟艾力克斯還發表了一種變化版本：沙拉上蓋一層鯷魚，他稱為飛行員沙拉。但凱薩本人很反對，他認為，油膩的魚肉會蓋掉沙拉本身精緻的味道（現在沙拉醬裡的那股魚味，單純是來自於英國伍斯特黑醋醬〔Worcestershire sauce，味道酸甜微辣，色澤黑褐〕）。

凱薩沙拉的下一盛世是在 1970 年代，美國知名廚師茱莉亞・柴爾德（Julia Child），在電視上公開示範這道食譜。1920 年代時她還小，但經常和大人一起去凱薩的餐廳用餐，她後來寫到，她父母「興奮到不行，看著塊頭大、心情好的凱薩來到餐桌旁做凱薩沙拉……很戲劇性：我記得……他是如何拋接那些葉子，看起來好像一片翻覆的浪潮」。當她擁有自己的美食節目後，她就聯絡凱薩的女兒蘿莎，索取原創的食譜——沒有鯷魚的那份。

至今，凱薩沙拉仍是私人晚宴的招牌菜，特別是如果你和凱薩一樣親自上桌做菜的話。但如果你喜歡表演式的風格，也可以單吃凱薩沙拉配電影，和一杯清爽的赤霞珠（Cabernet Sauvignon，釀造該葡萄酒的紅葡萄，原產於法國波爾多）葡萄酒或龍舌蘭（Tequila）。

© Corbis

我敢說，你不可能不愛上它。告訴我有誰不喜歡凱薩沙拉，我就拔母雞的牙齒來煮菜（譯按：母雞沒有牙齒，表示這幾乎是不可能的）！

▶ 克拉克・蓋博熱愛凱薩沙拉，像他一樣的眾多明星幫忙拓展了凱薩沙拉的知名度。

凱薩沙拉
爽脆的萵苣葉是美味關鍵

材料（4 人份）

- 蘿蔓萵苣 1 顆,洗淨、摘下葉片時保持完整
- 橄欖油 6 湯匙
  （1 湯匙＝ 20 毫升）
- 全蛋 1 顆
- 蒜頭 1 瓣,去皮
- 檸檬汁 1 湯匙
- 伍斯特醬 2 茶匙
- 現磨黑胡椒少許
- 厚切片白麵包 2 片,去除麵包邊,再將麵包切丁
- 帕馬森起司條 25 公克

作法

① 將油倒入平底深鍋並加入蒜頭。以低溫加熱暖油,並不是要爆香,只是要讓油溫升到約 38℃。然後靜置 30 分鐘,備用。

② 取一深鍋,加入冷水和蛋,開火煮至水滾,繼續煮沸 1 分鐘,然後關火。把煮熟的蛋丟入冷水中,再將蛋剝殼後放入食物料理機中,加上作法 1 的蒜頭、檸檬汁、伍斯特醬和作法 1 的橄欖油

一同絞碎,呈醬狀,並加上黑胡椒佐味。

> 酥脆加上爽脆的要訣

③ 用一點橄欖油炒麵包丁,直到麵包呈金黃色酥脆狀,再放到廚房紙巾上吸油。

④ 把蘿蔓萵苣放在碗中,倒入一半作法 2 的醬汁、撒上作法 3 的麵包丁和帕馬森起司。將剩下的醬汁淋在萵苣葉上,然後把葉片薄的那一端朝外放成一圈,即可美味上桌。

© Corbis

▲ 美國電視主廚茱莉亞・柴爾德於 1970 年代成為凱薩沙拉的擁護者。

美味關鍵 Tips

爽脆的萵苣葉是這道菜的關鍵,請徹底清洗後,等水
分完全瀝乾。如果你想讓分量更多的話,可以加入雞
肉;若場合為派對,則以簡單清爽為佳。

02 極致奢華，吃了會唱歌〈你是冠軍〉——

華爾道夫沙拉 Waldorf Salad

無庸置疑，紐約是世界上最不可思議的城市之一，充滿了大鳴大放的野心和無止境的刺激享樂。在紐約，如果你想要一個東西，而且付得起，那東西就是你的。**而沒有一道菜比華爾道夫沙拉，更能捕捉到典型的紐約精神。**

▲ Waldorf=Astoria 飯店的大廳華麗氣派、吸引人群。

美國的知名百老匯創作歌手柯爾·波特（Cole Porter）知道這一點，並且在經典歌曲〈你是冠軍〉（*You're the Top*）中賦予了它永恆的生命：他的歌詞將華爾道夫沙拉與達文西的蒙娜麗莎、義大利的比薩斜塔，以及瑞典國寶級電影女演員葛麗塔·嘉寶（Greta Garbo，奧斯卡終身成就獎得主）的價值相提並論。

▶ 柯爾·波特在歌曲〈你是冠軍〉中，賦予華爾道夫沙拉不朽的地位。

　　只是在萵苣葉上加上美乃滋、芹菜和蘋果，卻完美的平衡了甜美和苦澀的味道，充滿柔軟和刺激的感覺——華爾道夫沙拉絕對讓你有享樂的感覺，就像紐約一樣。

〈你是冠軍〉，這才叫奢華

© Corbis

　　華爾道夫飯店在衝突之中誕生。華爾道夫飯店在 1893 年由當時美國首富威廉·華爾道夫·阿斯特（William Waldorf Astor）所建造，就蓋在他之前的住所。不巧隔壁鄰居剛好是他的嬸嬸卡洛琳·韋布斯特·施梅紅·阿斯特（Caroline Webster Schermerhorn Astor），他們彼此結怨已久：卡洛琳認為「阿斯特女士」這個稱呼只有她能使用，但威廉認為他太太也有權使用。這在當時的美國上流社會，是個名門的姓氏。

▲原華爾道夫飯店，當時位於紐約曼哈頓區 34 街和第五大道交叉口。

　　平地蓋了一棟遮蔽陽光的大樓讓卡洛琳更不舒服，四年後，她的兒子，也就是威廉的堂弟約翰·雅各伯·阿斯特四世（John Jacob Astor IV）就勸她搬走。然後約翰在華爾道夫建築旁的地，蓋了一幢高出四層樓的阿斯多里亞酒店（Astoria Hotel），雖然兩幢建物原本是分開的，但是很快就由一些天才建築師將兩棟大樓連結在一起，如今變成了知名的雙連字號（Waldorf=Astoria）建築。雙連字號強調了兩幢建築物同樣重要，視覺上則代表了在地面上，連接兩幢建築物的小通道。

▲Waldorf=Astoria 飯店中的棕櫚花園餐廳，1902 年。

華爾道夫飯店和後來的 Waldorf=Astoria 飯店，改變了飯店的功能，讓它不再只是提供旅客暫時歇腳的地方，更成為富豪名流聚會享樂的場所。Waldorf=Astoria 飯店閃亮動人的酒吧和高檔奢華的餐廳很快就擠滿了紐約的大咖，大部分的人都姓阿斯特或范德堡（Vanderbilt），不然就是這兩家人的貴客。

華爾道夫飯店講究服務和細節也是首屈一指。從開張以來就提供了客房服務——**是第一間提供客房服務的飯店**。想像一下，如果你從來沒聽過客房服務，當你發現能在晚上任何一個時間吃到美食，而且根本不需要踏出房間一步，是多麼棒的感受！

華爾道夫裡還藏了一個祕密空間——飯店之間的飯店，位於華爾道夫頂樓，都是頂級奢華的貴賓房，招待全美國最知名的權貴之士，從塞爾維亞裔美籍發明家尼古拉・特斯拉（Nikola Tesla），到惡名昭彰的紐約黑幫分子「小蟲」席格（Bugsy Siegel）都住過。

飯店經理混搭食材，成火紅招牌菜

這些創新之舉和以飯店名稱命名的沙拉，都是同一位幕後推手，那就是當時的飯店經理奧斯卡・奇爾基（Oscar Tschirky）。奧斯卡在華爾道夫飯店開幕第一天就上班了，負責規畫開幕派對。當時的餐廳

經理需要做許多料理工作，包括剔除魚骨頭和準備新鮮的沙拉等，而喜好鋪張的奧斯卡知道飯店需要一些招牌菜餚才能與眾不同。

他把幾樣自己最喜歡的食材加在一起——美乃滋、蘋果和芹菜，然後把這些食材用萵苣葉盛裝，讓它們看起來更華麗和美味。他在飯店正式開幕前一星期，將這道沙拉透露給 1,500 位紐約社交名流、媒體和名人知道，結果一夕之間成為最火紅的話題。在那之後，這道菜再也沒有離開過飯店的菜單——今天如果你使用客房服務點華爾道夫沙拉的話，**上面還會撒上一些松露呢！**

奧斯卡本身就是個熱愛美食的饕客，而且十分熱衷於蒐集菜單和食譜。1896 年，他出版了自己的烹飪書，書名很簡單：《烹飪書》（*The Cookbook*），這本書的成功讓全美國（和全世界）的人都來學這道風靡紐約的沙拉。

奧斯卡原創的版本並沒有包含核桃，這項改變可能源自於 1920 年美國餐廳老闆喬治・雷克特（George Rector）的創意，他擁有一間以他命名的餐館，並於 1928 年出版的《雷克特烹飪書》（*Rector Cook Book*）中收錄了包含核桃的版本。

今天你可能會發現華爾道夫沙拉中的食材五花八門，從葡萄柚到花椰菜都有（我的版本和其他許多版本一樣包含葡萄），但飯店經理奧斯卡的原創版本，還是能夠散發出高級飯店的情調。

▶ 1949 年之前華爾道夫飯店的行李掛牌。

華爾道夫沙拉

避免混入蘋果籽造成苦味，
搭配優質美乃滋

「將兩顆生蘋果去皮，切成小塊狀，大概半吋平方大小，用同樣方式切一些芹菜小塊，然後和蘋果塊混在一起，務必小心不要混入蘋果籽。沙拉必須搭配優質美乃滋。」

——原版食譜《烹飪書》，奧斯卡・奇爾基，1896 年

材料（4 人份）

- 芹菜棒 4 根，都切成長寬 1 公分塊狀
- 50 公克核桃片，切成小片
- 新鮮山蘿蔔葉（Chervil）2 茶匙（1 茶匙＝ 5 毫升），切碎
- 現磨黑胡椒少許
- 澳洲青蘋果 2 顆，削皮後切成長寬 1 公分塊狀（確保種子沒有混入，因為它們味道很苦）
- 萵苣葉 1 把
- 無籽黑或白葡萄 85 公克，切成一半

醬料

- 蒜頭 1 瓣、海鹽 1/2 茶匙
- 美乃滋 3 湯匙

- 天然優格 1 點心匙（1 點心匙＝10 毫升）

作法

1. 製作醬料時，用缽和杵磨碎蒜頭和海鹽。接著先將美乃滋和優格混合在一起，然後加入缽中拌至均勻。

2. 將芹菜塊和核桃片放入碗中，並倒入作法 1 的醬料，拌勻。

3. 將切碎的山蘿蔔葉和蘋果加入作法 2 的碗中，將所有食材混在一起，確保醬料覆蓋住所有食材，並加入黑胡椒調味。

4. 將作法 3 的沙拉醬以萵苣葉盛裝，置於盤中，再撒上葡萄裝飾，即可。

吃相優雅的關鍵

03 人人覬覦的祕方，
家家要吃的年菜——
奧利維爾沙拉 Salad Olivier

　　如果有道菜能一統分裂的東歐，那就是這道豐美的沙拉，它奢華的混合了雞肉和淡水螯蝦，搭配辣味的美乃滋。這道菜至少是四個國家的國菜，包括保加利亞、塞爾維亞、馬其頓，還有波蘭東部，都會在新年或慶典時端出這道菜。奧利維爾沙拉在所有自助餐中都是漂亮的重點菜色，而這道菜的起源及後來成為經典的過程非常曲折，幾乎像是俄國間諜小說中才有的情節。

© Bridgeman Art Library

▲ 1860 年的莫斯科——一個熱愛法國的城市。

1860 年時，俄國餐飲界熱愛所有的法式料理，只要是負擔得起的貴族家庭，都會聘請法國廚師。然而，俄國比法國寒冷許多，人們常喝伏特加，因此食物的味道必須更加誇張和大膽。有位廚師很懂得個中道理，他是比利時廚師路西安・奧利維爾（Lucian Olivier），1864 年他在莫斯科開了一間名為「隱居所」（Hermitage）的餐廳。

「隱居所」餐廳提供充滿法式風格的俄國料理。醬料都精緻而豐美，但帶有腥味的肉和乾燥魚片仍然維持俄國當地的作法。為了要將食材物盡其用，奧利維爾發明了一種沙拉，不過由於「隱居所」是一間高檔的餐廳，沙拉必須帶點時尚和加上魚子醬作為奢華的修飾。

© Mary Evans Picture Library

▲ 俄沙皇亞歷山大二世（Alexander II of Russia）是俄國皇室的一員，也是一位法國廚師的好雇主。

眼紅生意好，原創食譜遭剽竊，冒出不同版本

奧利維爾將這道食譜視為需要嚴格守護的機密，因此他會回到私人寓所備料和製作醬汁。不過據所知，材料包含了黑魚子醬和酸豆，並鋪上蒸煮雞肉，然後再淋上雞肉內臟製成的固定肉汁。螯蝦和一些小片牛舌則點綴在盤子周圍，然後再淋上一些橄欖油，加上蛋黃、法式傳統酒醋、芥末和香料。並將馬鈴薯皮包著醃小黃瓜，加上切碎的

水煮蛋散放在盤子中央。

這間餐廳和特色沙拉在沙拉推出後一炮而紅。莫斯科首度擁有一間和巴黎餐廳一樣精緻的餐廳，但其他廚師對奧利維爾的好運感到眼紅，甚至他旗下的員工也有人想要暗算他。由於當時餐廳的服務人員沒有薪水，只能仰賴小費，所以**如果他們能夠得到食譜，就像得到會下金蛋的母雞一樣**，可以大發一筆。

1880 年某個忙碌的晚上，奧利維爾因為有急事而離開他的準備區，一位叫做伊凡·伊凡諾夫（Ivan Ivanov）的二廚看到機會來了，於是衝進老闆的工作區，迅速將眼前所見的食譜抄成小抄。

接著，伊凡諾夫立即離開了「隱居所」，並投靠一間名為「莫斯科娃」（Moskva）的餐廳，他在那裡推出一道「首都沙拉」，奧利維爾的食譜也終於被公諸於世。儘管評論家批評伊凡的版本比較劣等，但他依然有辦法公開販售，還因此賺到一筆錢。很快的，俄國每一間餐廳都開始推出變化版本的奧利維爾沙拉。

奧利維爾死於 1883 年，他的家人則在 1905 年俄國革命之後離開俄國，讓其他廚師可以自由的以「奧利維爾沙拉」之名販售他們的版本。這位神祕兮兮的廚師，他的故事最後還有個轉折：他的墳墓直到 2008 年才被發現，藏在莫斯科的德國墓園裡。謠傳他的食譜就埋在他旁邊。

俄國人過新年的必備年菜

經濟時局的變動也會影響到食物的發展。魚子醬和肉畢竟不會每天出現在一般人的菜單裡，而**奧利維爾沙拉則成為大部分俄國沙拉的**

統稱。當許多俄國人在 1917 年離開俄國時，他們在新的落腳處重新調整了沙拉的食材：伊朗版本包含雞肉、醃黃瓜和紅蘿蔔；土耳其版本包括醃小黃瓜切片；波蘭版本則包括馬鈴薯、紅蘿蔔、洋蔥、蒔蘿醃小黃瓜和蘋果，而且不加肉。

在二次世界大戰後，全球的俄國社群開始從歷史中尋找屬於他們的菜餚，作為慶典或宴會中的料理，而奧利維爾沙拉則成為許多場合的焦點。

如今，這道沙拉在新年的重要程度，就像是火雞之於美國感恩節。英國人對俄國沙拉的印象，有點受到 1970 年代的罐頭沙拉牽連拖累，我的建議是忘掉以前刻板印象中的俄國沙拉，趕緊投入這場美味的盛宴之中，讓你回到 19 世紀的莫斯科。如果你真想做到盡善盡美，可以不用魚子醬而改用鯡魚卵——何不試試看呢？

下一頁是我的版本，比起原版的更容易製作，但美味絲毫不減。

▶ 俄國皇儲尼古拉（Tsesarevich Nikolai of Russia）和親朋好友於 1864 年到丹麥旅行。當時皇家派對上經常可見奧利維爾沙拉的蹤跡。

奧利維爾沙拉

選用連皮帶骨的雞胸肉，更能讓雞肉保持鮮嫩

材料（4～6 人份）

- 連皮帶骨雞胸肉 2 大塊
- 月桂葉 1 片
- 黑胡椒粒 6 粒
- 洋蔥 1 顆，切段
- 馬鈴薯 1 顆，去皮
- 全脂美乃滋 125 公克
- 天然優格 75 公克
- 法式第戎芥末醬（Dijon mustard）
  2 茶匙
- 鮮榨萊姆汁 1 顆
- 白酒醋 1 湯匙
- 龍蒿（tarragon）1 把，切碎
- 橄欖油 2 湯匙（西班牙產為佳）
- 酸黃瓜碎末 10 ～ 12 片
- 洋香菜末 1 把
- 水煮蛋 2 顆，切碎
- 熟小明蝦 100 公克
- 伊朗賽魯佳魚子醬（Sevruga
  caviar）少許
- 菊苣葉 12 片

作法

1. 取一鍋 200 毫升的沸水，放入雞胸肉、月桂葉、黑胡椒粒和洋蔥煮 40 分鐘，直到雞肉熟透後，取出放入水中冷卻。接著，將雞肉去皮去骨，再切成丁狀。

2. 同時，取一平底深鍋裝水煮馬鈴薯至軟，但不要煮到全軟，取出放入水中冷卻後，切成丁狀。

3. 將美乃滋、優格、芥末醬和萊姆汁攪拌在一起，再慢慢的加入白酒醋拌勻，並隨時試嚐味道以免走味。然後加入龍蒿和橄欖油，拌勻。

   千萬別在試吃過程吃撐了

4. 取一大碗，放入酸黃瓜、洋香菜、作法 1 的雞肉、作法 2 的馬鈴薯、作法 3 的美乃滋，拌勻。攪拌過程中，若馬鈴薯有點破碎沒關係。如果有些濃稠，可加上少許作法 1 烹煮雞肉的水稀釋。

5. 將水煮蛋和明蝦加入作法 4 的碗中，輕輕拌勻後，盛入淺碗中，放上魚子醬，並在邊緣放上菊苣葉，以方便用葉片盛沙拉享用。

美味關鍵 Tips
選用連皮帶骨的雞胸肉，能夠保持肉中
的水分，讓口感更加豐美。如此一來，
很需要芥末醬和酸黃瓜的刺激味來穿透
濃厚的美乃滋，因此請試著保持味道的
均衡，並在製作過程中不斷試吃，確保
沙拉味道不會變得太重。

04 美人蹙蛾眉，這口感讓她笑逐顏開——

梅爾巴吐司 Melba Toast

「生命中最簡單的事物，往往是最偉大心靈的結晶。懂得根據當下的情境呈現出絕少綴飾的料理，不讓創意過度揮灑，這需要極大的天賦和勇氣。」

這段話用在梅爾巴吐司的例子上，可謂恰到好處。梅爾巴吐司不只是吐司，而是完美的吐司！它捲翹的外型、爽脆的口感，搭配什麼餡料都十分美味，從奶油乳酪到口感濃郁的白蘭地肉醬都很合適。它那誘人的弧度代表一種令人興奮的開場，表示美食要來了。如果有人拿梅爾巴吐司作為前菜，那麼緊接著上桌的佳餚一定會令人食指大動。

© Mary Evans Picture Library

◀薩伏伊飯店常有名流出入，是冠蓋雲集之處。

只要簡單吐司，真難為大廚了

梅爾巴吐司誕生於 1897 年，當時法國名廚奧古斯特・艾斯科菲耶（見第 52 頁）在英國倫敦的薩伏伊飯店（Savoy Hotel）擔任主廚，聲勢如日中天。他替政商名流精心打造的佳餚，獲譽為全球第一美食。

▲1897 年時，薩伏伊飯店是當時全世界最雄偉的飯店之一。

© Mary Evans Picture Library

薩伏伊飯店是許多上流人士的首選飯店，在此出入的包括皇親國戚、商業鉅子，還有最讓人難忘的名流紅星。名流文化也許在我們這個世紀才臻至顛峰，卻一向存在。自從人類發明出各種表演，演藝這行業便應運而生，各個明星擄獲大眾的目光。

1897 年，在人文薈萃的倫敦，第一紅星絕對是澳洲女高音內莉・梅爾巴（Nellie Melba）。她時常走訪英國，喜歡在薩伏伊飯店高歌演出。她因此與艾斯科菲耶變得熟識——她喜歡他的佳餚，他喜歡她的演出，這是兩人彼此友好的基礎。她對他的廚藝天分大為激賞，他也為她創作出叫人驚豔的蜜桃梅爾巴冰淇淋（見第 232 頁）。他總能滿足她的各種口腹之欲。

然而某次巡演時，梅爾巴身體不適，關在房裡，要求廚房替她準備簡單的吐司就好，不要有過多的調味。要求世界頂級名廚做簡單的吐司料理，就像要求義大利畫家卡拉瓦喬（Michelangelo Merisi da Caravaggio）替房間牆壁增添一點顏色——他很可能會過度揮灑。

你可以想像廚房裡的情景，艾斯科菲耶把幾片吐司放在烤架上，望著表面漸漸變成金黃色澤。接著，他把吐司從烤架上取出仔細端詳，覺得仍不夠酥脆，便把吐司沿對角線切開，把沒烤到的那一面重

新擺回爐火上。艾斯科菲耶面露微笑，看著吐司邊緣微微翹起，口感絕對可以徹底滿足梅爾巴的食慾不振。後來艾斯科菲耶把吐司送上樓。可喜的是，她並未退回。這次巡演期間，還有之後的巡演，這道菜都是代表她喜好口味的絕佳範本。

神奇吐司，美味可口的減肥餐

　　關於這道料理的起源還有另外一套版本，在這版本裡，製作出梅爾巴吐司的是一位笨手笨腳的年輕侍者，飯店老闆西撒・麗思（César Ritz）看到他惹的禍，嚇得倒抽好幾口氣，但麗思還來不及道歉，梅爾巴便說：「我從來沒吃過這麼美味可口的吐司。」梅爾巴吐司從此出現在薩伏伊飯店的菜單上，**會搭配肉醬與起司**一起上桌，至今超過百年仍歷久不衰。

© Mary Evans Picture Library

◀維多利亞時代的倫敦生氣勃勃，熱鬧喧囂。

　　為了明白這種簡單香脆的吐司如何能風靡倫敦西區以外的地方，你得留意我們**對體態與飲食日漸加深的重視程度**。

　　於 1920 年代，明尼蘇達州羅徹斯特的梅佑醫學中心（the Mayo medical clinic）以尖端醫療技術聞名，而美國女演員艾瑟爾・巴

里摩爾（Ethel Barrymore）希望該
醫院能協助她減輕體重。巴里摩
爾是默片時代的偉大演員，那時
已四十多歲，但仍想延續演藝生
涯。梅佑醫學中心替她開出 18 天
的**減肥餐**，梅爾巴吐司在其中扮
演舉足輕重的角色。

© Mary Evans Picture Library

▲艾瑟爾‧巴里摩爾的減肥菜單就有
梅爾巴吐司。

　　跟 1890 年代的倫敦相比，
1920 年代的美國名流文化更為蓬
勃發展，美國家庭主婦花很多時
間留意名流富豪的一舉一動。因
此「**神奇吐司**」的名氣迅速席捲
全美，突然出現在各地餐廳，大
家認為**梅爾巴吐司保有吐司的可
口美味，熱量卻只有本來厚片的一半**（因為切得很薄很薄）。

　　不久之後，美國麵包師夫婦哈利‧庫柏森（Harry Cubbison）和
蘇菲‧庫柏森（Sophie Cubbison），想出大量生產梅爾巴吐司的方
法，在各地的超級市場上架。庫柏森太太食品公司（Mrs. Cubbison's
Foods）至今仍在營運，這主要歸功於梅爾巴吐司的美味，還有他們
研發的各式餡料與沾醬。

　　順帶一提，艾瑟爾‧巴里摩爾繼續在有聲電影時代發光發熱很長
一段時間，拍出許多作品，至於這是否為梅爾巴吐司的功勞，我就留
給你們來判定了。

梅爾巴吐司
搭配鴨肉醬或雞肝醬，
簡單到讓人驚豔

材料（2份）

* 吐司1片（可拿麵包切成極薄的吐司）

作法

1. 把吐司放在烤架上，烤數分鐘至兩面略呈金黃色。

2. 續作法1，從烤架取出吐司，用刀子沿著對角線切開，再放回烤架上，烤至呈金黃色，但注意別烤焦。

3. 將作法2的吐司取出，可以搭配你喜歡的肉醬一起上桌。

▲ 奧古斯特‧艾斯科菲耶創造出許多絕頂名菜，包括梅爾巴吐司。

美味關鍵 Tips

梅爾巴吐司是適合上桌的聰明選擇，雖然簡簡單單，但只要搭配濃郁的鴨肉醬或滑順的雞肝醬，你的客人會倍感驚豔。肉醬當然不會出現在18天的減肥菜單上，但誰管它啊！

◀ 1900年倫敦的柯芬園外觀，澳洲女高音內莉‧梅爾巴就在一旁的歌劇院登臺高歌。

05 渾圓顫動，專屬節日在 四月十六——
班尼迪克蛋 Eggs Benedict

　　一道可以同時身兼早餐、午餐和宵夜點心的料理，實在是太迷人了。柔軟豐美的蛋和帶著甜鹹味的火腿放在外脆內軟的英式瑪芬鬆餅（English muffin）上，再加上一點絲般滑潤的荷蘭醬（Hollandaise sauce，一種蛋黃醬），這樣的組合絕對是大師之作，就像荷蘭畫家梵谷筆下的向日葵、法國印象派畫家雷諾瓦畫中的雨傘。

　　這是一道可以在一天當中任何時刻享用的料理，而它的故事也從24 小時不打烊的不夜城紐約開始，搭配得恰到好處。

　　1890 年代，那時曼哈頓是個生氣蓬勃、車水馬龍的大島。華爾街的地位正興起，人們將之視作一條致富之路。

　　美國石油大王約翰·戴維森·洛克菲勒（John Davison Rockefeller，美國歷史上的第一位億萬富豪與全球首富）和美國銀行家約翰·

© Mary Evans Picture Library

▶ 1890 年代的紐約熱鬧非凡。

皮爾龐特・摩根（John Pierpont Morgan）成立公司，人們每天都在交易股票，而《華爾街日報》創辦人查爾斯・道（Charles Dow）在個人報告中追蹤幾十支股票的表現（後來他與愛德華・戴維斯・瓊斯〔Edward Davis Jones〕結盟，兩人的名字成為紐約證券交易的同義詞）。當時是個創造力滿天飛的年代。

© Mary Evans Picture Library

▲ 剛跨入 20 世紀的紐約市中心。

「朗賀費」，記住這名字

就在華爾街南方兩個街區外有間「迪摩尼可」餐廳（Delmonico's），那是當時紐約最高貴奢華的餐廳，主廚是法國人查爾斯・朗賀費（Charles Ranhofer），他不是那種不學無術的法國廚師：他12 歲時就被送到巴黎學習製作甜點，16 歲時替法國東部亞爾薩斯（Alsace）的伯爵查爾斯・漢寧（Charles d'Hénin）掌廚，這「間」廚房位於法國東北部洛林區（Lorraine）、伯爵所繼承的布雷蒙城堡（Château Bourlément）裡頭。20 歲時，朗賀費就在紐約替俄羅斯領事館掌廚，到了 1862 年時，26 歲的他已經在迪摩尼可餐廳擔任主廚。

朗賀費喜歡創新，而紐約正好是個完美的試驗場。他能夠融合經典法式廚藝和新世界的活力，吸引了一群饕客，包括前美國總統狄奧多・羅斯福（Theodore Roosevelt）、美國幽默大師馬克・吐溫（Mark Twain）和愛爾蘭作家奧斯卡・王爾德（Oscar Wilde）。

在朗賀費最愛的名人吃過他的餐點後，他喜歡以他們的名字替新菜命名，於是發明了艾力克斯伯爵龍蝦（Lobster Duke Alexis，替俄羅斯帝王特製的香醇濃湯）、狄更斯小牛派（Veal pie à la Dickens，沒錯，就是英國文豪狄更斯），還有以法國前總統薩地·卡諾（Sadi Carnot）命名的開心果雞肉料理。

據聞，也是他讓阿拉斯加火焰雪山變成今天的模樣（見第220頁），另外說到法式焗龍蝦（見第158頁）時，還會聽到另一個他的發明故事。朗賀費是那個年代的赫斯頓·布魯曼索（Heston Blumenthal，英國分子料理名廚，被稱為廚房中的化學玩家），**完美的結合了表演和廚藝，也很熱愛挑戰。**

誰是發明者？眾說紛紜

約在1890年的某一天，一位迪摩尼可餐廳的常客對他下了挑戰。那位常客是股票交易員勒格鴻·拉克伍德·班尼迪克（LeGrand Lockwood Benedict）。早上成交了幾筆交易後，班尼迪克和太太莎拉（Sarah）前來吃午餐。故事就從這裡開始眾說紛紜。有人說是班尼迪克本人要朗賀費變新花招，有些人則說是莎拉和餐廳經理討論出水煮蛋、荷蘭醬、火腿和麵包的組合。

第二種版本出現於1967年《紐約時報》雜誌上的一封讀者投書，作者是梅寶·巴特爾（Mabel C. Butler），她聲稱自己和莎拉·班尼迪克有親戚關係。梅寶寫那封信的目的，是為反駁美食家克雷格·克萊波（Craig Claiborne）的一篇文章，文章中記載這道料理是美國海軍准將E.C.班尼迪克在法國時發明的。時至今日，兩邊班尼迪克家族的後代子嗣，都仍宣稱這道料理是出自自家。

還有另一種版本，認為料理來源是一位紐約交易員勒慕爾・班尼迪克（Lemuel Benedict），據聞他在 1894 年時走進華爾道夫飯店，要求餐廳上一道解宿醉的料理，結果服務員就端上了這道雞蛋料理。

　　無論真相為何，朗賀費於 1894 年出版了大作《美食主義派》（*The Epicurean*），書中收錄了班尼迪克蛋的食譜，這樣一來就有效的宣稱那道菜是他的發明。兩年後，食譜被收錄進美國烹飪專家芬妮・法默（Fannie Farmer）的暢銷書《波士頓餐飲學校烹飪書》（*Boston Cooking-School Cook Book*）修訂版中。

　　朗賀費的書將這道料理推上了國際烹飪舞臺，法默的背書則讓它走進了美國每位家庭主婦的廚房。它甚至還有自己的節日——在美國，4 月 16 日是國際班尼迪克蛋日。

　　無論有沒有宿醉，這道菜都適合在任何時間品嚐，而且太受歡迎以至於模仿者輩出。各式各樣的變化版包括佛羅倫提蛋（加上菠菜）、普羅旺奇蛋（荷蘭醬由法式白醬取代），到朝鮮薊班尼迪克蛋（雞蛋放在排成圓形的朝鮮薊上，而不是瑪芬鬆餅），愛爾蘭版本的甚至還加入了醃牛肉。

© TopFoto

▶ 查爾斯・朗賀費是紐約迪摩尼可餐廳的主廚，1898 年。

荷蘭醬（奶油蛋黃醬）

材料：白酒醋 3 湯匙、黑胡椒粒 6 粒、月桂葉 1 片、蛋黃 2 顆、奶油 125 公克、鹽少
　　　許、現磨黑胡椒少許、檸檬汁數滴

作法：

1　將白酒醋、黑胡椒、月桂葉放入小平底深鍋中，用大火讓酒醋蒸發到只剩下一湯匙
　　的量，過濾掉黑胡椒和月桂葉。

2　將蛋黃和作法 1 濾後的酒醋放入食物調理機。

3　用中火在平底深鍋中融化奶油。將作法 2 的食物調理機啟動，慢慢將奶油倒入。醬
　　汁會變得濃稠，成塊時就停止。如果醬汁太濃稠，可以加入少許熱水。

4　在作法 3 加入鹽、黑胡椒和檸檬汁調味，取出備用。

班尼迪克蛋

瑪芬鬆餅不能烤焦，
食用時淋上滿滿的荷蘭醬

將瑪芬切半，烤一下，不要到焦的地步，然後在兩片瑪芬上各放一片煮熟的火腿片，厚度約 0.8 英吋（約 2 公分），直徑則和瑪芬一樣長。於烤箱中以小火微烤，然後在兩邊各放上一顆蛋包。最後用荷蘭醬淋滿整片瑪芬。

——《美食主義派》，查爾斯‧朗賀費，1894 年

材料（4～6 人份）

- 土雞蛋 4 顆、白酒醋 3 湯匙
- 英式瑪芬鬆餅 2 片
- 塞拉諾（Serrano）或巴約納（Bayonne）火腿 4 片

作法

❶ 將雞蛋分別打入 4 個小碗中。

「渾圓顫動」的祕訣

❷ 取一平底深鍋，裝至少 2 公升水煮沸，加入白酒醋。接著攪動水，直到形成漩渦，然後加入作法 1 的雞蛋，一次煮一顆，蛋會跟著旋轉，形成漂亮的圓。煮 2～3 分鐘後，用湯杓撈起。重複此作法將蛋煮完。

❸ 將瑪芬鬆餅切成兩半，放入烤箱稍微烤一下取出，於其中一面塗上荷蘭醬。

❹ 作法 3 的瑪芬鬆餅上疊上火腿和作法 2 的 1 顆蛋，重複此作法將材料用完。

❺ 最後將剩下的荷蘭醬淋上作法 4 即可。

© Corbis

▶ 1924 年，位於紐約市第五大道的迪摩尼可餐廳。

06 大器、大膽、有內涵，
就像我——紐約——
魯賓三明治 Reuben Sandwich

　　紐約擁有世界許多美好的事物：摩天大廈、黃色計程車、地球上的最佳電影場景……而且，紐約還讓我們認識了**三明治界的金剛級角色**：魯賓三明治，只要將拳頭大的煙燻牛肉、刺激辛辣的醬料和融化的起司湊在一起，上下再夾兩片薄而紮實的裸麥麵包就成了。

　　在認識魯賓三明治的發跡史之前，讓我們先來了解三明治。自從有了三明治後，人們就習慣拿麵包當正餐。遠自中世紀時，麵包是拿來當盛放食物的底座，當時被稱為「托盤」的一片片麵包可以擺放

© Mary Evans Picture Library

▲ 1930 年代，紐約摩天大樓林立的景象。

▶ 紐約的馬拉車，1930 年。

© Mary Evans Picture Library

食物，同時也是食物的一部分。不過，「三明治」這個詞直到 1762 年才首度由英國歷史學家愛德華・吉朋（Edward Gibbon）記錄下來，很明顯是要向第四代三明治伯爵（Earl of Sandwich，Sandwich 是英國古鎮）約翰・孟塔古（John Montagu）致敬。

孟塔古擔任過的職位彼此天差地別，包括郵務署長和海軍大臣，他的服務績效全都有待加強，最後終於因無法勝任遭到海軍解僱。有人甚至說英國會在 1776 年的美國獨立戰爭中敗陣，他要負起很大的責任。不過在這些戰役成為歷史很久之後，他的名字依然隨著我們最愛的午餐，一起流傳了下來。

孟塔古或許效率不彰，但也是勤奮認真且全心投入公事。正因為他想心無旁騖的辦公，他才要求廚師**切幾塊肉夾在麵包裡當午餐，讓他可以邊辦公邊吃**。如今，邊工作邊吃已經不是什麼醜事，很多人認為孟塔古在從事其他愛好時也會吃三明治，其中之一就是玩牌。

傳說孟塔古非常熱衷於賭博，捨不得離開牌桌去吃飯，於是就在打牌時叫廚房準備麵包夾肉。其他玩家跟著有樣學樣，也要「和三明治吃一樣的」，最後就簡化成「來份三明治」。這個名稱就這樣被傳誦，經過吉朋記錄後流傳下來，該說法非常可信又合理。

現在快轉 150 年後到 1914 年。孟塔古在英國海軍的糟糕表現讓

美國往前躍進，也讓紐約能繁榮起來。

啟發靈感源自飢餓的電影女明星

　　廚師阿諾・魯賓（Arnold Reuben）開了一間餐廳，有天晚上一位曾和英國喜劇演員查理・卓別林（Charlie Chaplin）於同一部電影演出的女演員上門光顧，她說：「魯賓，幫我做份三明治，料加多一點，我餓到可以吞下一塊磚頭了。」魯賓斜切了一片裸麥麵包，然後做了一份超大的三明治，豐富的料包括火雞肉、火腿、涼拌高麗菜、融化的起司和味道濃厚的俄式醬料。女演員一吃成主顧，還不斷帶朋友回來吃，於是這道菜很快就成為魯賓的招牌餐點。

　　根據記載，這位女演員的名稱有多種版本，包括安妮特・席洛斯（Annette Seelos）或安娜・瑟洛斯（Anna Selos），可惜的是，除此之外我們對她一無所知。同時也找不到她參與卓別林電影的紀錄——卓別林光在 1914 年就參與了約 40 部電影的演出製作，因此這一點並不令人驚訝。

　　這故事的另外一個版本認

◀查理・卓別林於電影《流浪漢》（*The Vagabond*）的身影。據聞當時與卓別林共事的一位女演員啟發了魯賓發明三明治的靈感。

為，這道料理初次被發明時沒有加上麵包，並且歸功於小阿諾・魯賓將父親的招牌菜色變成了三明治。當時是 1935 年，紐約的工作人口在經過大蕭條之後紛紛回到辦公室，比較沒有時間坐著閒聊。三明治可以很快吃完或打包帶走，隨你高興。一開始，**小魯賓的三明治包的是火腿，後來改成也可用鹹牛肉。**兩種版本各有人喜愛。我個人則是喜歡煙燻牛肉。

三明治大賽奪冠，才在美國食物界登堂入室

民間的飲食傳說也有一說談到出生於東歐立陶宛的魯賓・庫拉寇夫斯基（Reuben Kulakofsky），他是美國中西部內布拉斯加州奧馬哈市的雜貨商，據說在 1925 年前後，他替一群喜愛晚上打牌的牌友發明出這款三明治，使用鹹牛肉、德國酸菜和其他食材製作。有位牌友查爾斯・席莫爾（Charles Schimmel）將這款三明治納入到他的飯店黑石（Blackstone）的酒吧菜單裡，爾後魯賓三明治才聲名大噪。

任何內布拉斯加州人若聲稱是他們發明魯賓三明治，熱愛魯賓三明治的紐約人便會嗤之以鼻，但在一位**內布拉斯加州人於 1956 年參加全國三明治大賽時，以自製版本的魯賓三明治奪冠後，魯賓三明治才正式在美國食物界登堂入室。**不過內布拉斯加州的版本麵包較薄，而今天我們所看到的魯賓三明治如「摩天大廈」般高聳，或許能歸功於紐約人的創意。

無論真相為何，魯賓三明治仍**象徵紐約的精神：大器、大膽、內涵多采多姿**，融合了各式各樣的味道——俄式醬料、德式裸麥麵包，還有身兼調和作用的瑞士起司。如今在英國和法國出現許多紐約風格的熟食餐飲店，但如果菜單上沒有魯賓三明治的話，就太遜了。

魯賓三明治

適合睡得比較晚的週末，當作早午餐，飽足感十足

▲英國政治家弗朗西斯・戴史伍德爵士（Sir Francis Dashwood）創立了地獄火俱樂部，三明治伯爵約翰・孟塔古也時常造訪，他特別喜歡把食物夾在兩片麵包之中吃。

 材料（4 人份）

- 奶油 2 湯匙、裸麥麵包 8 片
- 超薄煙燻牛肉 12 片
- Ogleshield 起司 8 片
  （由 Montgomery 乳業製造）
- 涼拌高麗菜 100 公克

 醬料

- 優質美乃滋 150 毫升
- 墨西哥辣椒醬（chilli sauce）
  50 毫克、酸奶油 2 湯匙
- 新鮮洋香菜 2 湯匙，剁碎
- 西班牙洋蔥 1 湯匙，磨碎
- 醃小黃瓜 1 湯匙，磨碎
- 檸檬汁少量
- 辣根醬（Horseradish sauce）
  1/2 茶匙、伍斯特醬少量

 作法

❶ 將醬料的所有材料放於大碗中拌勻，即為俄國醬料。

❷ 用中火預熱平底烤盤，若有帕尼尼三明治機，也可以設定中火。

❸ 將麵包的一面抹上奶油，翻過來後，在另一面抹上作法 1 的俄國醬料。將 1 片起司放在有抹醬料的那一面，然後疊上 3 片煙燻牛肉。接著加 1 大匙涼拌高麗菜，再疊上 1 片起司。最後，蓋上一片麵包，抹奶油的那面朝上。

❹ 將作法 3 的三明治放在平底烤盤中烘烤，直到麵包兩面都呈金黃色、起司融化為止，一面約烤 8 分鐘。如果有帕尼尼三明治機，就闔上機器烘烤 4 ～ 5 分鐘，即可上桌了，記得附上一疊紙巾。

美味關鍵 *Tips*

因為分量大，可作為週末早午餐的絕佳三明治，讓你飽足感十足。如果可以的話，最好能夠將上下片麵包一起稍微烘烤。但由於起司需要一些溫度才能融化，也可以分別烤上下片的麵包再疊起來。

07 伯爵夫人不愛紅肉，
如何誘她垂涎？──
義式薄片生牛肉 Beef Carpaccio

說到點一盤義式生牛肉，確實是會散發出一股令人印象深刻的陽剛味，而生吃牛肉更會讓人聯想到史前人類的飲食習慣。這道菜似乎引發了某種原始的**獵人和採集者的精神**。

然而，料理還是得講究色香味俱全的飲食美學，所以只是拋出一盤生牛肉，並無法帶來享受並收取高價。因此，需要一位偉大的廚師**將血淋淋的生肉改造成高尚和精緻的菜餚**。義式生牛肉薄片就是這樣的一道菜，但創始人朱塞佩‧希普里亞尼（Giuseppe Cipriani）並不是廚師，而是一位頂尖的酒保！

© Corbis

1931 年，希普里亞尼的哈利酒吧在義大利威尼斯開業，在此之前，他曾擔任歐羅巴（Europa）飯店的調酒師，有位年輕的美國人哈利‧皮克林（Harry Pickering）是當時的老顧客。有一天，皮克林突然不來光顧了，希普里亞尼問他為什麼，結果這個年輕人告訴他，家人已經發現他有飲酒習慣，因此斷絕

◀威尼斯的嘆息橋。

© AKG Images

Venezia - Basilica di S.

▲ 威尼斯的聖馬可大教堂，
　1930 年。

他的金援。希普里亞尼立即借給他 1 萬里拉（Italian lira，1861 ～ 2002 年的貨幣單位，現為歐元所取代，1 歐元＝ 1,936.27 義大利里拉）。

兩年過去了，皮克林回到歐羅巴飯店，他點了一杯飲料，給了希普里亞尼 5 萬里拉，用這些錢開一家以他命名的酒吧。相傳哈利酒吧就這樣誕生了。

哈利酒吧很快就風靡全城，希普里亞尼也開始為威尼斯及世界各地來的富豪名流調配雞尾酒，包括擁有英美雙重國籍電影藝術大師亞弗烈德・希區考克爵士（Sir Alfred Hitchcock）、美國電影編導演全方位鬼才奧森・威爾斯（Orson Welles）、英國喜劇演員查理・卓別林和英國演員奧斯卡榮譽獎得主諾爾・寇威爾爵士（Sir Noël Coward）。

酒吧中還有一份經典食物的小菜單，提供義大利麵、簡單的海鮮和幾種肉類菜色。因此，在 1950 年的某天，當希普里亞尼正為一個常客調配他著名的馬丁尼酒（dry martini）時，不意外他們也會聊起食物。

醫師的食療處方，成為搖滾級名菜

雖然威尼斯伯爵夫人阿瑪利亞・納尼・莫琴尼戈（Amalia Nani Mocenigo）出身富貴，但她身體欠佳，總是生病且容易感到疲勞。醫生建議她應該多吃紅肉（有些版本的故事則說，那名醫生是個素食主義者，卻建議她食用生肉）。無論是哪種版本，伯爵夫人卻告訴希普

© Mary Evans Picture Library

◀ 1930 年代的威尼斯，從里
阿爾托橋看出去的景色。

里亞尼，她不喜
歡紅肉，覺得紅
肉的質感很硬又
難以消化。

希普里亞尼的聰明
才智，在於他具有偉大的創新
精神。正當他替伯爵夫人調製馬丁尼的同時，他的腦筋轉得特別快。
他進去廚房拿了一塊最好的牛排，將它切成最薄的薄片，再繼續拍打
使它變得更薄，直到**每片厚度都小於 0.1 公分**。將切好的肉片直接放
在盤子上仍然無法引人垂涎，於是，他很快的在肉片上鋪上辛辣的芥
末醬。

伯爵夫人對這道菜的感覺從來沒有被記錄下來，但哈利酒吧的酒
客十分喜歡它。它圓滑而輕薄，可以毫不費力的一吞下肚。就像桌子
上的一打牡蠣，這道菜迫使人們征服某種原始的恐懼，如同人類最早
的祖先一開始也害怕生吃紅肉一樣，但最終還是為了生存而吃。這道
菜可說是**食物界裡的搖滾級**。

靈感來自藝術家作品的色調——紅與白

希普里亞尼以威尼斯畫家卡巴喬（Vittore Carpaccio）來為這道
菜命名，雖然比起同時代的貝里尼，卡巴喬的名字在全世界較少為人
知，但他在威尼斯受到高度重視，並恰好在那年舉辦過一次作品展。

他運用**生動的紅色對比蒼白、奶油色**的背景，這一點捕捉了希普里亞尼的藝術之眼。他在 16 世紀的調色板中，看到了芥末醬和深紅色的牛肉在盤中混合交織的模樣。

正如所有偉大而簡單的事情，生牛肉薄片被廣泛的複製。由於哈利酒吧不斷湧進世界各地的觀光客，這道菜飛越了整個義大利，到了英國、法國和美國。只要在合適環境和條件，這道菜就能攻占餐桌，所以很快的**每一間酒吧、咖啡廳和餐廳都供應這道菜，等待那些口袋夠深的顧客來消費。**

哈利酒吧故事得補充說明一點：在 1940 年代和 1950 年代的另一位著名常客是美國作家海明威（Ernest Miller Hemingway），他多次在自己的小說《渡河入林》（*Across the River and into the Trees*）中提及這間酒吧。雖然人們常說海明威推廣了哈利酒吧的名聲，但希普里亞尼對此總是回答：「是我和我的酒吧提拔了他，他是在光顧酒吧後才榮獲諾貝爾文學獎的，而不是在那之前。」

現在「卡巴喬薄片」（Carpaccio）這個術語可用來**描述一盤切成薄片的任何食材**，但如果自己隨便用其他肉類嘗試會顯得有些魯莽，最好還是用牛肉或能確保品種來源的鹿肉。如果你能做到這一點（並且有一把非常鋒利的切肉刀，能切出像光碟片一樣薄的薄片），加上最近消費大眾對食用英國牛肉特別興致昂然，就正好適合來一道卡巴喬湊個熱鬧。

▲ 威尼斯哈利酒吧的一扇窗，也是義式生牛肉的發源地。

義式薄片生牛肉
選購頂級新鮮生牛肉是必要條件

 ### 材料（4 人份）

- 菲力牛 500 公克
- 迷迭香 3 大支，切碎
- 馬爾頓（Maldon）天然海鹽 1 把
- 現磨黑胡椒少許
- 鮮嫩菠菜 100 公克
- 帕馬森起司少許（依照個人嗜好添加）

醬料

- 蛋黃 2 顆
- 橄欖油 4 湯匙
- 法式第戎芥末醬 1 湯匙

 ### 作法

❶ 將牛肉放在砧板上，把迷迭香、海鹽和黑胡椒撒在上頭，反覆均勻翻動，然後在滾水鍋中將正反面各燙 10 秒鐘，取出瀝乾。

❷ 用保鮮膜包覆作法 1 的牛肉，靜置冰箱冷藏 30 分鐘，這樣會讓肉變得比較好切片。

❸ 將作法 2 的肉拿出冰箱、切成薄片，用刀背拍打每一片肉。

一口就吞下，嚼都不必

❹ 將醬料的所有材料在碗中混勻，再另外加上少許鹽和胡椒提味。

❺ 在盤子中鋪滿菠菜葉，再放上作法 3 的牛肉，然後淋上作法 4 的醬汁。可依個人喜好撒上帕馬森起司。

© TopFoto

▲哈利酒吧是義式生牛肉薄片的發源地，英美雙重國籍導演亞弗烈德・希區考克也是當時的常客。

美味關鍵 Tips

當然，只有最棒的牛肉才適合作為這道菜的原料，而
且我建議在購買肉品前，最好先和肉販有點交情。如
果你打算購買一些要生吃的食材，最好要看著對方的
眼睛！說到如何擺盤裝飾的話，你就盡量發揮創意和
召喚文藝復興時期的精神，畢竟卡巴喬也是文藝復興
潮流下的一環。

08 首富土豪和銀行家的 首選開胃菜——

洛克菲勒鮮蠔 Oysters Rockefeller

英國愛爾蘭諷刺文學大師強納森・斯威夫特（Johathan Swift）寫過一句名言：「第一個吃鮮蠔的人是勇者。」

鮮蠔要不就是免費食物，在家附近的水域隨處可見，平凡無奇，要不就是引人懷疑的陌生物體。在羅馬人入侵英國之前，英國人對鮮蠔十分陌生。羅馬人嗜吃鮮蠔，考古學家與建築工人幾乎在每條他們

▲ 安東尼奧在紐奧良的餐廳，從 1800 年代開業至今。

興建的道路下都發現大量蚵殼，史料也顯示，英國東南部的惠斯普爾漁村（Whitstable）在 2,000 年前就會養蚵。當時人們通常採取生食，因此你能想見一列行軍邊吃蚵邊丟殼的畫面，但如今鮮蠔已成為全球上等餐廳的美味佳餚。

蓋上醬汁的烤生蠔，大受好評

跟許多名菜一樣，洛克菲勒鮮蠔是為了滿足飢餓的饕客而誕生。

約在 1840 年，曾經在法國學習廚藝的安東尼奧‧艾爾西亞托（Antonio Alciatore）揮別紐約，往南替自己的廚師生涯開拓未來。他來到族群大熔爐的路易斯安那州，那裡既受到歐洲的深遠影響，又沉迷於巫毒教，當地人碰巧也會說法語。

安東尼奧在那裡開了一間餐廳，就叫做「安東尼奧餐廳」，菜單融合當地菜餚與他在南法馬賽時學到的經典料理。這家餐廳廣受歡迎，旋即躍居全市最受歡迎的餐館。他也開始蒐集並供應全球最好的美酒佳釀，這項傳統延續至今，儘管 2005 年酒窖遭卡崔娜颶風摧殘，亦未動搖。

在 1880 年前後，安東尼奧把餐廳傳給兒子朱勒斯（Jules），招牌菜是五花八門的蝸牛料理，有用大蒜與香料慢燉，也有佐上番茄辣醬。1899 年的某天晚上，朱勒斯面臨食材不足的窘境，餐廳客滿，廚房裡蝸牛不夠，他卻得端出熱呼呼的開胃菜才行。

他環顧食物貯藏室，看見了鮮蠔。鮮蠔在當地十分常見，也是美國南方的家常菜餚，但始終只有一種料理方式——生食。朱勒斯決定做個改變：他把香料與珠蔥攪拌均勻，加進麵包粉，覆蓋在鮮蠔上頭

並拿去烤。一道簡單迅速、賣相極佳的菜餚就此出現。某位顧客品嚐完這道味道濃厚的料理之後說：「我比洛克菲勒更富有了。」

向世界首富洛克菲勒致敬

　　另外一個版本的故事則說，朱勒斯看見醬汁的綠色，聯想到綠油油的美鈔，決定讓菜名帶有「世界首富」的涵義。無論如何，這道料理的名字取得很好，因為洛克菲勒不只家財萬貫，還是當時的全球首富。他採取積極凶猛的商場策略，旗下的美孚石油主宰美國的石油供應。他安然挺過一波波景氣循環，賺進將近 100 億美元的個人財產。

© TopFoto

　　用這道菜向他致敬可謂再適合不過，鮮蠔的地位也跟著水漲船高。**鮮蠔不再是人人吃得起的廉價食物，而是企業家與銀行家的首選開胃菜，象徵著洛克菲勒背後的美國夢。**

　　在此之前，很少餐廳會供應熟的鮮蠔，這道青綠生猛的海鮮佳餚迅速聲名遠播。鮮蠔的味道鮮美濃厚，帶著盛夏海邊的氣息，搭配著混合麵包粉的鮮綠香料醬汁，吸引

◀這道鮮蠔料理以洛克菲勒來命名時，洛克菲勒家族是全球首富。

了大批饕客前往安東尼奧餐廳一嚐究竟，政商名流紛紛湧入。

　　然而，**沒人能取得這道菜的作法**。由於朱勒斯對誰都不信任，於是他把配方藏在心底，從未寫下來，後來也只以口頭方式傳給家人。其他餐廳也供應洛克菲勒鮮蠔，但味道正宗的僅此一家，別無分號。

　　對模仿者而言，最大問題在於醬汁的綠色從何而來，就連1980年代的實驗分析也找不出正確答案。廚師可以靠菠菜輕易做出同樣的顏色，但從以前到現在，每個在安東尼奧餐廳吃過這道料理的廚師都不認為裡頭有加菠菜。

　　可是也別絕望，安東尼奧餐廳這家全美歷史最悠久的家族餐廳依然健在，你可以親自前往品嚐，猜一猜作法為何。下一頁是我所認為的作法。

▲紐奧良人既歡慶生命，也歡慶死亡。

▶紐奧良在 1881 年是一座繁忙的海港城市。

洛克菲勒鮮蠔
避免在 5 ～ 8 月購買生蠔，
夏天為生蠔產卵期，肉質較差

🥦 材料（3～4 人份）

- 新鮮帶殼生蠔 6 顆
- 奶油 1 湯匙
- 新鮮菠菜葉 1 把
- 珠蔥碎末 1 湯匙
- 西洋芹碎末 1/2 湯匙
- 麵包粉 1 湯匙
- 塔巴斯科（Tabasco）辣椒醬
- 海鹽少量
- 茴香酒少量
- 岩鹽適量
- 檸檬片 1 / 4 顆

作法

❶ 一手隔著布抓住蚵殼，使用開蠔刀小心撬開。把鮮蠔與殼裡的湯汁一起倒進碗中。

❷ 將奶油放在鍋中加熱融化，加入菠菜、珠蔥與西洋芹碎末，烹煮 1 分鐘，待菠菜稍微縮水後，加入麵包粉、辣椒醬、茴香酒與鹽。再煮 10 分鐘，直到麵包粉浸透醬汁。接著，把整鍋倒進果

菜調理機，迅速打勻，取出。

❸ 預熱烤架，然後把作法 1 的蚵殼放上烤盤，蚵殼下方堆放岩鹽藉此固定。每個蚵殼中各放入一枚鮮蚵，倒入少量蚵汁，再把作法 2 的綠色醬汁平均舀進每個蚵殼，醬汁須覆蓋住蚵肉。

❹ 作法 3 的鮮蠔烤至剛好變熟且醬汁開始冒泡後（冒泡時間不長，所以須一直留心查看）取出。

❺ 上桌前，再撒上少量的西洋芹碎末、擠上檸檬汁即可。

> 洛克菲勒鮮蠔連吃十顆，肚子會很慘！

美味關鍵 Tips

首先，你得找一把適合撬開蚵殼的刀子，否則你可能弄壞刀子，甚至弄傷手指！一年四季皆產鮮蠔，但別在夏季（5 ～ 8 月）購買生蠔，因為那時是產卵季節，鮮蠔的味道較淡。

II. 在特別的日子，
點這道特別的料理，
你說出這個特別的故事

© TopFoto

© Corbis

打贏拿破崙！這還不值得慶祝嗎？

哪道菜代表了世人對中華料理的期待？

純英國料理不好吃？那是你沒吃過……。

09 廚師之王與天才音樂家的結合——
羅西尼嫩牛排 Tournedos Rossini

　　各行各業都有一群開路先鋒，他們憑一己之力大幅提升該行業的技藝與知識，從而改寫一切。在料理界中，法國名廚馬利安東尼・卡瑞蒙便是一大先鋒，把料理提升至今日的藝術之境。他享有「廚師之王，王之廚師」的美譽，自從他讓料理界大放光芒，兩百年來，全球媒體都這麼稱呼他。

▲ 瓦朗塞堡，先前為塔列蘭的宅邸。

廚師之王的巨作：菲力牛排結合鵝肝與松露

時至今日，他的影響依然在小地方處處可見，舉凡醬料、盤飾與肉類切法皆然，但別搞錯了，他的影響力可是相當巨大的。**他最偉大的發明之一，便是把菲力牛排、鵝肝與松露結合起來**，成品美味可口，令人心醉神馳。只要配上一口馬德拉醬（Madeira sauce，法式棕色醬汁），你就會化身穿梭時空的旅人，回到醉人的拿破崙時代。

© AKG Images

▲銀行家梅耶．羅富齊，卡瑞蒙大廚的老闆。

卡瑞蒙從 14 歲起，便在法國知名糕點師西爾萬．巴伊（Sylvain Bailly）手下擔任學徒。由於他天賦異稟，在 19 世紀初，他 19 歲那年便到外頭獨立開業。

卡瑞蒙懂得如何吸引顧客、如何靠食物打動人心。他讓店面櫥窗洋溢著甜點的魔力，從考古學擷取靈感，把糕餅疊成金字塔、把杏仁糖疊成神殿。而他的天分旋即引起法國政治家查理．莫里斯．塔列蘭．佩里戈爾（Charles Maurice de Talleyrand-Périgord，簡稱塔列蘭）的注意。

塔列蘭是一位嗜吃美食的外交官，為了一場新歐洲權貴人士的會議，聘請卡瑞蒙設計讓人驚豔的甜點。卡瑞蒙利用這個機會學習料理的各個領域，於是這名「王之廚師」真的立刻成為皇帝的御廚──替拿破崙掌廚。

　　拿破崙的勢力橫掃歐洲，卡瑞蒙也跟著聲名遠播。1815 年拿破崙垮臺後，卡瑞蒙先替英國喬治四世（George IV）掌廚，接著服務亞歷山大沙皇，最後回到巴黎，成為法國銀行家詹姆斯·梅耶·羅富齊（James Mayer de Rothschild）的主廚。梅耶是銀行業鉅子、法國新興權貴的一大要角。

只要老饕喜愛，這道菜就不死

　　於此同時，阿爾卑斯山的另一邊也誕生了一位天才——義大利作曲家喬奇諾·安東尼奧·羅西尼（Gioachino Antonio Rossini），他跟卡瑞蒙同樣富於創新精神，對音樂的熱情正如卡瑞蒙對料理的熱情。

他從 1810 年開始作曲。1816 年，他才不過 24 歲，便寫出傑作《塞維亞的理髮師》（*The Barber of Seville*），徹底改寫義大利歌劇的定義。

　　羅西尼旋即獲邀到世界各地演出。他熱衷美食，對料理頗有研究，最終來到羅富齊家，與卡瑞蒙結為好友。每次造訪羅富齊家，他都直接前往廚房，跟志同道合的卡瑞蒙談天、下廚。到底是誰想出羅西尼嫩牛排已不得而知。總之，這道牛排以羅西尼

© TopFoto

Joachim **ROSSINI**
COMPOSITEUR
Né à Pesaro en 1792, mort à Paris en 1868
Oeuvres : Tancredi, Cazza ladra, Armide, le Barbier de Séville
Otello, Guillaume Tell, etc.

◀義大利作曲家喬奇諾·安東尼奧·羅西尼，是羅西尼嫩牛排的催生者。

來命名，再由天才橫溢的卡瑞蒙加以改良與美化。

「Tournedos」現在是指腰部的牛肉，但是有些專家認為，這個字源自法文「tourner le dos」，意思是「掉頭走人，別理他」。據說英格蘭咖啡館某位廚藝不精的廚師，曾經想替羅西尼做這道料理，羅西尼便拿這句話朝他大吼。比較可靠的說法是，卡瑞蒙常跟羅西尼一起烹調這道牛排，後來他便以羅西尼的名字替牛排命名。

© Bridgeman Art Library

▲ 馬利安東尼·卡瑞蒙，他以作曲家好友羅西尼之名為羅西尼嫩牛排命名。

這道料理立刻出現在巴黎大小旅館和餐廳的菜單上。由於交通日趨便利，羅西尼嫩牛排開始傳到世界各地。從 1950 年代起的 30 年間，羅西尼嫩牛排始終是晚宴上炙手可熱的菜餚。從 1980 年代開始，老式菜餚遭到冷落，全球饕客迷上清淡快速的新式料理。**如今，飲食界吹起一股復古風，於是羅西尼嫩牛排又捲土重來。**

即使藝術家已經辭世，好的藝術品仍會繼續留傳。只要義大利仍有歌劇演出，《塞維亞的理髮師》便會不斷搬演（這句話不是我說的，而是貝多芬之言）；**只要還有饕客喜歡豪華美食，羅西尼嫩牛排便會不斷上桌。**

羅西尼嫩牛排
牛排多汁的關鍵：奶油加熱到冒泡，再高溫煎 2 ～ 3 分鐘

 材料（4 人份）

- 橄欖油 1 湯匙、奶油 1 湯匙
- 菲力牛肉 4 塊各 200 公克（最好選購正中央的部位）
- 鵝肝 4 塊各 50 公克，厚度少於 1 公分；白麵包 4 塊，厚 1 公分
- 鹽少許、現磨黑胡椒少許

醬汁

- 波特酒 1 湯匙、白蘭地 2 湯匙
- 馬德拉酒（Madeira，葡萄牙馬德拉群島出產的葡萄酒）2 湯匙，另外準備少量；小牛高湯或深色牛肉高湯 200 毫升
- 蒜片 2 瓣；松露 1 顆，切為薄片

 作法

❶ 將鹽和黑胡椒均勻撒在牛肉兩面，備用。

❷ 取一平底鍋，倒入油與奶油加熱，等奶油冒泡後，把作法 1 的牛排放入鍋中，兩面各以高溫煎 2 ～ 3 分鐘，讓肉汁鎖在牛排中再起鍋。

❸ 續作法 2 的鍋中，放入鵝肝煎數秒鐘便迅速起鍋，置於紙巾上。

❹ 續作法 3 的鍋中，倒入波特酒、白蘭地、馬德拉酒加熱，待香味四溢，加入高湯並轉小火，讓醬汁冒泡直到變得濃稠。

❺ 另取一鍋，加入蒜片與少量的馬德拉酒，放入松露，燉煮數分鐘，再把作法 4 的醬汁倒入，即為松露醬汁。

❻ 把麵包放在盤子上，再疊上作法 2 的牛排，覆上作法 3 的鵝肝，並淋上作法 5 的松露醬汁。可依照個人喜好，在最後撒上切碎的細葉芹。

美味關鍵 Tips

在正統的法式料理中，這道菜是大膽之作，關鍵在於牛排的料理方式及香醇溫潤的醬汁。端上桌時，記得搭配一瓶勃根地紅酒與一個大大的微笑。如果你不想太過奢華，可以用蘑菇代替松露；如果你不贊同鵝肝的取得方式，也可以省略鵝肝不加。

10 超軟嫩頂級牛肉，散發 金錢與權力的味道── 俄羅斯酸奶牛肉 Beef Stroganoff

　　這道料理讓嫩菲力牛肉條結合蘑菇，搭配辛辣開胃的白醬與新鮮可口的洋蔥，讓人吃得大呼過癮。難怪 19 世紀有錢有權的俄羅斯人會如此著迷：**它散發著金錢與權力的味道。這道料理的正統作法得用到最上等的牛肉，透露出它的奢侈傳統。**

登上廚師雜誌，從此享譽全球

　　1890 年代，俄羅斯帝國國力強盛。在西方，版圖幾乎涵蓋整個東歐；在東方，勢力擴及中國北部。整個帝國的人民高達 1 億 2,700 萬人。正如其他帝國那般，俄羅斯帝國面臨嚴重的貧富不均，許多人民飢寒交迫，少數顯貴卻奢侈度日，俄國將軍佩福・斯德洛格諾夫（Pavel Stroganoff）

© AKG Images

▶ 俄羅斯酸奶牛肉在二戰期間成為俄軍最愛的料理。

伯爵便屬於後者。

他是位熱愛美食的外交家，常舉辦奢華宴會招待友人，而他的廚師查爾斯‧布里耶爾（Charles Briere）漸漸享有盛名。後來俄羅斯聖彼得堡的望族決定辦場輕鬆的比賽，讓各家的廚師一較高下。

布里耶爾的參賽作品俄羅斯酸奶牛肉贏得冠軍，登上知名法國美食雜誌《料理的藝術》（L'Art Culinaire）。1891 年，這本雜誌是世界上唯一關於職業廚師的雜誌，任何料理只要刊在上頭便能享譽全球。

這則故事千真萬確，但我們無法完全確定布里耶爾是否就是俄羅斯酸奶牛肉的發明者。1930 年代出版的《拉魯斯料理全書》（Larousse Gastronomique）收錄這道料理，並以布里耶爾來命名，儘管這套全書不斷再版，俄羅斯酸奶牛肉至今仍然列在書中。

超級軟嫩，就算無牙也能嚼

然而，有些專家認為這道料理的歷史更悠久，是先前某位廚師替格里戈里‧斯德洛格諾夫（Grigory Stroganoff）伯爵發明的料理。伯爵年事已高，開始掉牙，只咬得動極軟嫩的牛肉，所以他的不知名廚師創出這道料理，好讓他一飽口福。伯爵在 1857 年過世。

後來，或許就是這道料理出現在俄國廚藝作家艾琳娜‧莫洛哈維絲（Elena Molokhovets）所著的《給年輕主婦的寶物》（A Gift to Young Housewives）。這本書不只包括食譜，還提供料理建議與廚房禮儀，有志一展廚藝的俄羅斯婦女紛紛購買本書，從 1861 ～ 1917 年，五十多年間，這本書年年再版。

跟今日我們所熟知的俄羅斯酸奶牛肉相比，本書裡的版本比較簡

單，沒加番茄與珠蔥，僅使用調味過的酸奶油，牛肉也是塊狀而非薄片，但兩種版本的相似處顯而易見，布里耶爾很可能就是據此創造出他的版本。順帶一提，包含番茄的版本最早出現於 1912 年，該版本也首次提到俄羅斯酸奶牛肉可以搭配細炸薯條一起上桌。

由於這些知名著作的介紹，俄羅斯酸奶牛肉漸漸聲名遠播，成為許多廚師的拿手好菜。俄羅斯人偏好以資助者來替作品命名，因此布里耶爾逐漸遭世人遺忘，但俄羅斯酸奶牛肉的熱門程度始終不減。

風靡全球，多虧世界大戰的中俄士兵

美國廚師蘇約翰・麥克福森（John MacPherson）在 1934 年出版《傳奇主廚的料理祕方》（*Mystery Chef's Own Cook Book*），首次將俄羅斯酸奶牛肉介紹到美國。五年後，美國作家黛安娜・艾希莉

© Mary Evans Picture Library

▲在東歐與亞洲打仗的美軍嚐到俄羅斯酸奶牛肉。

（Dianna Ashley）出版《1939 年
最佳餐廳指南》（*Where to Dine
in '39*），書中提到紐約兩家已
經歇業的俄羅斯小餐館供應過
俄羅斯酸奶牛肉。

不過，**俄羅斯酸奶牛肉
會風靡全球還是因為兩次世
界大戰的緣故**。當時駐守在
中國與俄羅斯的士兵嚐到這
道料理，立刻著迷不已，後
來他們帶著這道料理的作法

▲ 在各國打仗的美軍嚐到俄羅斯酸奶牛肉的
　美味，在戰後把這道料理帶回美國。

各自返鄉，俄羅斯酸奶牛肉幾乎同時在美國、英國與法國大受歡迎。

　　美國廚師把美國人最愛的薯條加進來，做出自己的版本。在
1950 ～ 1960 年代，俄羅斯酸奶牛肉成為美國政商名流極為喜愛的宴
會料理。跟歐洛夫王子小牛肉（見第 104 頁）一樣，這主要歸功於美
國名廚茱莉亞・柴爾德的大力推廣。

　　最初俄羅斯酸奶牛肉並不會附上配菜，如今受到中國人的影響，
一般會搭配飯或麵。隨著這道料理在各國流傳，各種版本不斷出現，
例如巴西人用番茄醬取代番茄、瑞典人用牛肉大香腸取代菲力牛肉、
日本人則會添加少許醬油。到最後，只要主要的食材（牛肉）不變就
行了。

　　柔嫩牛肉搭配新鮮蘑菇，淋上濃烈的白醬，以辣椒粉或芥末籽調
味（或兩樣都加），上述元素讓俄羅斯酸奶牛肉成為美食家的愛好料
理，**從軍中伙食躍升為經典美食**。

俄羅斯酸奶牛肉
選購一整塊菲力牛肉，只用尾端部位，
剩下可做威靈頓牛排

　　這是一套豪華版本，由英國倫敦頗負盛名的沃瑟萊餐廳（Wolseley）的主廚勞倫斯·基奧治（Lawrence Keogh）獻給大家，濃烈味道足以直擊心坎。

© AKG Images

材料（4人份）

- **菲力牛肉條** 450 公克，靠近尾端的部位；珠蔥 2 根，切碎
- 鹽少許、現磨黑胡椒少許
- 辣椒粉 1 茶匙、甜辣椒粉 2 茶匙
- 植物油少許、奶油 30 公克
- 蘑菇 115 公克，切成薄片
- 番茄泥 1 茶匙、白酒醋 50 毫升
- 白酒 75 毫升、鮮奶油 200 毫升
- 酸黃瓜絲 125 公克
- **酸奶油** 125 毫升
- 西洋芹碎末 1 湯匙，加進少許甜辣椒粉

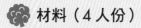
配米飯的牛排？

- 印度香米 165 公克，事先煮熟

作法

❶ 把鹽與黑胡椒撒在牛肉上，再沾上辣椒粉和甜辣椒粉。

❷ 取一炒鍋加熱，倒進油，將作法

▶ 斯德洛格諾夫伯爵 6 歲時的畫像，往後的人生他會品嘗到許多牛肉。

1 的牛肉放入鍋中，煎 2 ～ 3 分鐘至三分熟，取出牛肉，並用篩子讓肉汁滴進碗中，備用。

❸ 續作法 2 的鍋中，放進奶油、珠蔥、蘑菇煮 1 分鐘，再加入番茄泥，煮數分鐘，拌勻。接著，倒入白酒醋繼續煮，直到所有湯汁蒸發為止。

❹ 續作法 3，加入白酒繼續煮，等湯汁少一半後，倒入鮮奶油，繼續加熱，另加入少許鹽與黑胡椒調味。接著，加入作法 2 的牛肉與肉汁後關火，以免牛肉太老。

❺ 將煮熟的白飯放在盤子中，鋪上作法 4 的牛肉，再把酸黃瓜擺在上頭，並加上酸奶油、西洋芹碎末，即可。

美味關鍵 Tips
做這道料理得花上一段時間，所以請先確定一切材料都已備妥，然後就準備專心下廚吧！我個人喜歡買下整塊菲力牛肉，切下尾端，剩下的部位用來做威靈頓牛排（見第 92頁），這樣你就能迎向俄羅斯酸奶牛肉時光了。

11 打贏拿破崙！
這還不值得慶祝嗎？——
威靈頓牛排 Beef Wellington

完美的粉紅菲力牛肉，佐以蘑菇與培根，包裹進香噴噴的煎餅與酥皮中，便成為這道特殊場合時的最佳美食。威靈頓牛排是最吸引人的英式料理之一，但也是極繁複困難的一道菜，**料理時需要秉持軍人的嚴謹態度，精準掌握烹飪時間等細節**，否則很可能會搞砸。因此，這道菜的起源與史上極偉大的軍事家有關，可以說是個很妙的巧合。

▲ 滑鐵盧戰役的版畫。

遺憾的是，英國人直到最近才對料理感到自豪，所以威靈頓牛排的發展過程並未留下文字紀錄。**這道料理的名字應該來自那位在滑鐵盧打敗拿破崙的知名軍事家**，但也有研究美食史的專家認為，因為這道料理的**外觀長得像威靈頓雨靴**，才會有此名稱。可以確定的是威靈頓公爵很喜歡這道料理：史料指出，在 1813 年 11 月，那個人心厭戰的月分，威靈頓公爵所帶的軍隊每

▲ 1815 年 6 月 18 日的滑鐵盧戰場。

天都吃下 300 隻小公牛。然而，沒有人能明確指出威靈頓牛排是何時發明的。

法式烹飪手法：把肉包裹進麵皮裡

　　阿瑟・韋爾斯利（Arthur Wellesley）是英國第一代威靈頓公爵，就對食物的態度而言，他跟他的死對頭拿破崙可謂截然不同。我在介紹義式白酒燉雞（見第 122 頁）時寫道，拿破崙是美食家，會舉辦大型宴會慶祝戰事告捷。威靈頓公爵則凡事講求實際，對美食興致缺缺。1815 年 6 月，他剛贏得輝煌勝利，心裡卻已開始思考如何加強防禦工事與重建和平，壓根沒想到要舉辦任何宴會來慶祝勝利。

　　然而，威靈頓公爵凱旋回國後，獲得許多勳章與頭銜，甚至在1828 年當上英國首相，所以終究有積極的廚師跳出來設計豪華料

© Bridgeman Art Library

▲ 威靈頓公爵：他喜歡他的牛排和雨靴。

理，向他表示敬意。早在 15 世紀，英國人就**會把肉塊包進麵皮作為菜餚**。根據都鐸王朝（Tudor dynasty，1485 ～ 1603 年間統治英格蘭王國和其屬土的王朝）早期的食譜，人們會用麵粉加水做出簡單的麵糰，然後把鹿肉和牛肉包進去燉煮。亨利八世（Henry VIII）手下有一群傑出廚師，因此許多宴會上都可以看到一道菜餚：以不宜食用的硬麵包當容器盛裝燉肉，上頭以餅皮當作蓋子。

當時牛肉並不常見，平民百姓頂多吃得到豬肉而已，但在貴族的廚房裡，料理持續發展。儘管英法兩國關係緊繃，**法式烹飪手法**仍日漸廣獲運用，因此在 1830 年代，自然有廚師想到把最上等的牛肉包裹進最費工的麵皮，做出讓人驚豔的料理。

很長一段時間裡，威靈頓牛排幾乎只在英國才看得到。法國人不青睞這道料理的原因顯而易見，雖然法國人自己就有一道菜名叫酥皮菲力牛排（Filet de bœuf en croûte），而且可能是先有這道法國菜，後來才啟發了某位不知名英國廚師做出相似的料理。法國人則是比較可能使用鵝肝覆在牛排上，而非使用蘑菇醬。

美國總統尼克森的最愛，重新風行英國

在美國，這道料理則是因為一位意外人物才變得風行。1970年，美國總統尼克森（Richard Milhous Nixon，後來因水門案而黯然下臺）表示威靈頓牛排是他的最愛，他在出訪英國時嚐到這道料理，立刻著迷於其熱燙濃郁的魅力。

　　同時，英國人重新開始在自家料理威靈頓牛排。隨著生活水準提高，家庭娛樂變得十分盛行，烹飪成為樂趣而非例行公事。烹飪書籍席捲市場，許多大廚上電視侃侃而談。製作威靈頓牛排時很有節目效果，許多電視觀眾都躍躍欲試，想在下次宴會時做出威靈頓牛排。

　　沒多久，大廚與烹飪書作者開始提出較簡單的版本，例如省略蘑菇，或用派皮取代酥皮。超市開始販售現成的餅皮，於是這道料理便更容易準備了。一陣子之後，**所有用餅皮包裹的肉類料理都冠上「威靈頓」之名，無論想用雞肉或野鴨都行。**

　　像威靈頓牛排這種料理應該有個轟轟烈烈的登場時刻，可惜就是沒人知道這道料理何時被發明出來。我心中喜歡這麼浪漫的想：這道菜找上了我們，而非我們發明了這道菜。雖然威靈頓牛排目前沒有像威靈頓公爵般征服法國，但別在意——只要享受這道菜的快樂就好！

© Corbis

▲ 威靈頓公爵在滑鐵盧戰場上騎著愛駒「哥本哈根」（Copenhagen）。

威靈頓牛排
秉持軍人的嚴謹態度，精準掌握烹飪時間

© Mary Evans Picture Library

▲ 威靈頓公爵是英國偉大的將軍，與這道偉大的料理相得益彰。

材料（6 人份）

- 菲力牛肉 500 公克，中段部位
- 現磨黑胡椒少許、酥皮 375 公克
- 火腿 4 片、淡味蘑菇醬 75 公克
- 有機全蛋 1 顆、有機蛋黃 1 顆

作法

❶ 先把烤箱預熱到 200℃。

❷ 黑胡椒撒在牛排上，再放進高溫的平底鍋中，適時翻動牛排以確保熟度均勻，煎至兩面呈褐色時便起鍋。

❸ 把酥皮擀至 0.5 公分厚，把 2 張煎餅放在酥皮中間，再把火腿平鋪於煎餅上。

❹ 把蘑菇醬塗在作法 2 的牛排一面，然後整個倒過來放在作法 3 的火腿上。

> 光看這一段就流口水了

❺ 把蛋和蛋黃在碗中攪拌均勻，再把蛋液塗上作法 3 的煎餅與酥皮的表面，接著將酥皮包裹住牛肉。酥皮接縫處朝下放在烤盤上，表面塗上蛋液，然後放進冰箱靜候 30 分鐘。

❻ 將作法 5 的牛排拿出冰箱，再度塗上蛋液，放進作法 1 的烤箱烤 25 分鐘，或烤至表面變成金黃色，接著拿出來擺在盤子上靜置 10 分鐘（如果你不希望牛肉偏生的話，可以在烤箱中擺久一點）。切開後，可另外淋上肉汁（另製），搭配當令蔬菜食用。

煎餅

材料：有機全蛋 3 顆、麵粉 6 湯匙、牛奶 150 毫升、奶油少許

作法：

1 把全蛋和麵粉倒進碗中攪拌均勻，再一邊緩緩倒入牛奶拌勻。

2 以大火加熱平底鍋，放進奶油，等奶油融化後，倒入 1 杓作法 1 的麵糊，快速轉動鍋子讓麵糊均勻散開。把一面煎至金黃色，翻面繼續煎，然後把煎好的餅皮放到鋪有烘焙紙的盤子上。

3 重複作法 2，將剩下的麵糊煎成另一張煎餅，中間以一張烘焙紙區隔。

美味關鍵 Tips

這份食譜是把正統作法加以改良，能略微縮短烹飪時間，也
為了食材準備方便而省略鵝肝。如果你買得到鵝肝的話，
就在把蘑菇醬鋪上牛排之前，先把鵝肝放在牛排上頭。

12 我的女神，樸實無華卻夠「火」辣——
黛安娜牛排 Steak Diane

© Mary Evans Picture Library

▲ 奧古斯特‧艾斯科菲耶在1903 年寫下第一份黛安娜綠胡椒醬的食譜。

「黛安娜牛排」這名字像是一個謎題。這道料理相當奢華，先淋上濃稠白醬與少許白蘭地，然後點火燃燒，帶著粗獷陽剛的牛肉味。而且，這道菜不僅**以女神的名字來命名，那位女神還是所有希臘女神中最樸實無華的一位。**

女神黛安娜誓言終生不婚，把全副心神用來打獵與崇敬月亮。她的形象向來苗條美麗，身旁陪著一隻鹿或幾隻獵犬——你似乎絕不可能看到她坐著飲酒用餐，再吃上幾片松露。然而，由於她跟狩獵有關，所以她的名字就用來**代表一種辛辣濃烈的綠胡椒醬**，這種醬汁相當適合搭配鹿肉等野味。

最早搭配鹿肉，1950 年代的紐約才風行配牛肉

黛安娜綠胡椒醬最早收錄於法國料理聖經《烹飪指南》（*Le*

Guide Culinaire），這本書是法國名廚奧古斯特·艾斯科菲耶在 1903 年出版的傑作，英譯本在 1907 年問世。艾斯科菲耶以古典法式料理點燃英國廚師們的熱情，書裡收錄的上千種食譜供各國廚師效法，拉近了全球料理界的距離。

▲ 21 俱樂部是黛安娜牛排開始受到歡迎的地方，美國影星亨弗萊·鮑嘉（Humphrey Bògart）是店裡的常客。

艾斯科菲耶認為只有鹿肉適合搭配黛安娜綠胡椒醬，並描述這種醬汁是：「一種用少許奶油調淡味道的綠胡椒醬，會添加半月狀的松露片與水煮蛋白。」他大概是把原先常見的綠胡椒醬加以改良，創造出黛安娜綠胡椒醬。數十年後，料理界才拿這種醬汁搭配牛排，尤其是搭配上等牛肉——這個風潮始於 1950 年代的紐約。

沒人知道是哪間餐廳的哪位廚師率先把這種搭配鹿肉的醬汁淋在牛肉上，可能的發源地至少有以下四個：德雷克酒店（Drake Hotel）、21 俱樂部（21 Club）、雪莉荷蘭酒店（Sherry-Netherland Hotel）與卡洛尼餐廳（Colony Restaurant）。《紐約時報》的美食記者珍·妮可森（Jane Nickerson）在 1953 年寫下的報導指出，一位外號為「德雷克酒店小子」的廚師宣稱，是他把這種作法推廣到紐約與全美。

然而，也有人認為創始地點在 21 俱樂部與卡洛尼餐廳，例如珍·安德森（Jane Anderson）在 1997 年出版的《美國世紀食譜》

（*The American Century Cookbook*）便抱持這個看法。21 俱樂部原本是一間販賣私酒的酒吧，後來成為明星消磨漫漫長夜的好去處。20 世紀最優秀的美國流行男歌手法蘭克・辛納屈（Frank Sinatra）和第 24 屆奧斯卡最佳男主角得主亨弗萊・鮑嘉在百老匯登臺後，便會來這裡待到打烊趕人為止；至於卡洛尼餐廳則是范德堡家族、阿斯特家族與溫莎家族喜愛的名店。

過去人們常說，**一個人在紐約的地位，完全取決於他在卡洛尼餐廳是坐哪種位子**。卡洛尼餐廳有替政商名流準備的長椅，也有一個名叫「狗屋」的空間專門給社經地位較差的客人。餐廳老闆金・卡瓦萊羅（Gene Cavallero）深諳宣傳的重要性，所以讓記者免費用餐；從他聘請私人公關這件事，便能看出這間餐廳的走向。

桌邊火焰料理秀，因經濟蕭條與消防而衰退

那時，許多料理都是放在餐車上推到顧客桌邊，但 21 俱樂部與卡洛尼餐廳等高級餐廳則請廚師走出廚房，到顧客桌邊完成幾樣特選料理。這種料理在菜單上十分吸睛，通常需要點火（例如法式火焰薄餅〔見第 226 頁〕或焰火焦糖香蕉〔見第 214 頁〕），黛安娜牛排也不例外。

廚師會在客人面前捶打牛肉、撒上黑胡椒並煎過後置於一旁，接著用同一個鍋子烹煮蘑菇，加入奶油與芥末醬，最後倒入白蘭地並點火燃燒。黛安娜牛排既簡單又極富感官衝擊力，不僅迅速席捲紐約，熱潮還蔓延到全美國與歐洲，許多餐廳紛紛把這道料理列入菜單。

整整 10 年，黛安娜牛排的地位居高不下，但後來經濟情勢影響了這道菜餚的命運。在 1960 ～ 1970 年代，紐約的租金開始攀高，餐

廳空間迅速變得十分昂貴，沒多久顧客便坐得相當擁擠。顧客不再有機會目睹紫色火焰在餐廳竄上落下的奇景。不久後，消防法規與灑水系統更讓點火秀從餐廳裡永遠絕跡。

　　越來越少餐廳供應黛安娜牛排，只剩下大餐廳有足夠空間與人力在桌邊完成這道料理。人們也只在特殊日子才會在家做黛安娜牛排。這道菜不再是最高雅、吸睛的料理，而只是一道冠上女神名字的陽剛料理。

© Corbis

▲ 1961 年的紐約。黛安娜牛排從這座城市開始廣受歡迎。

© Corbis

▲雪莉荷蘭酒店，黛安娜牛排四個可能的發源地之一。

黛安娜牛排
把白蘭地完全燒乾，讓醬汁留下烤麵包香

材料（4 人份）

- 沙朗牛排 4 塊各 175 公克
- 鹽少許、現磨黑胡椒少許
- 無鹽奶油 50 公克
- 珠蔥 2 根，切碎
- 蘑菇 110 公克、白蘭地 50 毫升
- 鮮奶油 250 毫升
- 法式第戎芥末醬 1 茶匙
- 伍斯特醬 2 茶匙
- 西洋芹碎末 2 湯匙
- 植物油適量，油炸用
- 馬鈴薯 3 顆，削皮並切成條狀

作法

❶ 用肉錘或擀麵棍把牛排打扁，厚度約 1.5 ～ 2 公分，再撒上鹽和黑胡椒調味。

> 拍軟的沙朗五分熟

❷ 取一平底鍋，放入 1/2 的奶油，用中火加熱至奶油冒泡，再將作法 1 的牛排放進鍋中，**兩面各煎 2 分鐘至五分熟**，或是隨個人喜好決定熟度，接著把牛排取出，備用。

❸ 續作法 2 鍋中，放入剩下的奶油，加熱至冒泡後，加入珠蔥煎 3 分鐘至軟，記得別把珠蔥煎到變脆。接著放入蘑菇，煮 2 分鐘至軟。然後，將白蘭地灑入鍋中，用火柴小心點火，靜候火焰熄滅。再加入鮮奶油、第戎芥末醬、伍斯特醬、西洋芹，煮至收汁，或煮至混為一種醬汁為止。

❹ 續作法 3，在鍋中加入作法 2 的牛排，讓牛肉變溫熱，勿增加牛肉的熟度。

❺ 另取一深鍋，倒入油加熱。可先把少許麵包屑丟進鍋中，若麵包屑在 20 秒鐘後變成褐色，便可油炸薯條（如果有油炸鍋，油溫設定 190℃左右），炸至酥脆並略呈黃棕色，約 3 分鐘取出。把薯條倒在紙巾上，把油分吸乾並用少許鹽調味。

❻ 把作法 4 的牛排放於盤中，淋上作法 3 的醬汁，旁邊放作法 5 的薯條。你也可以隨個人喜好配上奶油碗豆。

美味關鍵 Tips

這份食譜呈現優良的舊派作法。當時名人常會到外頭用餐，被記者拍到他們與迷人影星一起享受特選俄國菸的畫面。千萬記得要把白蘭地完全燒乾，這樣不只精采有趣，還能讓醬汁留下一股烤麵包香，這非常重要。

13 源自皇室盛宴，
名廚為了展現身手——
歐洛夫王子小牛肉 Veal Prince Orloff

　　大多數的人都能清楚分辨出家常菜與高級料理的不同，但除非我們認識皇親國戚，否則很難真正領略飲食的另一個層次——皇家盛宴。這種盛宴能營造叫人目眩神迷的氛圍，幾乎看不到尋常料理的影子，**只展現絕頂名廚對料理的雄心壯志**。歐洛夫王子小牛肉正是屬於這種層次的名菜。

▲普魯士國王腓特烈・威廉一世的品菸聚會。歐洛夫王子小牛肉會出現在這類的聚會上。

小牛肉味道細緻，深受權貴喜愛

這道料理是將整塊帶骨的小牛腰肉以火炙烤，再取出牛肉，切成片狀，每兩片牛肉之間夾著蘑菇與洋蔥泥，接著把牛肉放回牛骨上，再覆上濃郁的白醬與大量起司，放入烤箱烤至金黃色，最後刨上大量的新鮮松露薄片，才算大功告成。如你所料，這道菜的發明者是一位廚界高手，只是他的名氣不如其他名廚響亮。他是于爾班·杜柏瓦，在 1818 年生於南法普羅旺斯。

杜柏瓦從 14 歲開始**在廚房擔任學徒，他待的剛巧是料理史上最頂尖的好廚房**——羅富齊家族的廚房。那時馬利安東尼·卡瑞蒙開始讓料理世界從此改頭換面，他的大膽創新在本書中隨處

© TopFoto

▲ 于爾班·杜柏瓦在 1864 年創造的料理。

可見。對杜柏瓦而言，這是學習廚藝的大好良機。他在這裡學到如何呈現宴會料理的豪華氣勢，而他日後成為俄國駐法國大使普林斯·愛力克西·費多羅維奇·歐洛夫（Prince Alexey Fyodorovich Orloff）的廚師。

替歐洛夫掌廚是一個絕佳機會，他得以精進廚藝，還開始研究料理的上桌方式。當時法式饗宴是把每道料理一起上桌，像金銀珠寶般統統呈現在饕客面前。不過通常會遇到一個問題，就是如何讓熱食保持熱度、讓冷盤保持冷度，只有最擅長安排的大廚能做到這一點。

俄國料理則是一道接一道上菜，每個人的菜餚擺在各自面前。

這在現代是顯而易見的作法，但在 19 世紀中葉則是前所未聞。杜柏瓦旋即發現這種上菜方式允許更精巧的呈現：**料理不再只關乎廚藝技巧，更能臻至藝術設計之境。**

　　小牛肉價格高昂，味道細緻，相當受到權貴階級喜愛，所以杜柏瓦勢必得替歐洛夫創造一道讓人嘆為觀止的小牛肉料理才行。雖然無文字記載是哪批賓客最先嚐到這道料理，但有傳言這道菜不怎麼合歐洛夫的胃口。歐洛夫的口味轉變了，變成喜歡較清淡的料理，不過他依然欣賞歐洛夫王子小牛肉的驚豔效果，時常要杜柏瓦在宴會時做這道菜。

© AKG Images

▲ 普魯士國王威廉一世很喜歡歐洛夫王子小牛肉。

重視視覺效果的老式豪華套餐

1864 年，杜柏瓦轉而替一位美食愛好者掌廚——當時的普魯士國王威廉一世（William I），後來成為德意志統一後的首位皇帝。他**也重視料理的視覺效果**，歐洛夫王子小牛肉雀屏中選。這道菜出現在許多宴會上，法國的各個廚師也開始注意到這道菜。

杜柏瓦出了許多著作。在料理生涯中，他記下許多料理手法，總共寫下 8 本書，最有名的一本是《經典料理指南》（*La Cuisine Classique*），出版於 1856 年，裡頭收錄了歐洛夫王子小牛肉的食譜。這些書收錄了他許多料理的介紹與圖解，因此當他在 1901 年逝世之後，仍繼續影響料理界長達數十年之久。他還詳細解釋該如何設計與呈現一套菜單，後來奧古斯特·艾斯科菲耶在自己的著作中，也用到相同概念。

歐洛夫王子小牛肉在今日仍偶爾會端上桌，通常列為**老式豪華套餐**裡的一道。美國人是從茱莉亞·柴爾德的著作中，第一次見識到這道料理，就像他們也是透過她而發現許多歐陸料理。

1960 年代，茱莉亞·柴爾德一肩扛起向美國人介紹法國料理之美的任務，在無數電視節目裡介紹了上千道菜餚，歐洛夫王子小牛肉是其中之一。她的版本只用到一小塊肉，而非整塊腰肉，此外她還設計出一種更簡單（也更便宜）的歐洛夫王子火雞肉料理。這些料理迅速席捲全美，成為中產階級辦餐會時的必備佳餚。

我們不清楚有多少美國家庭主婦想替丈夫做出道地的歐洛夫王子小牛肉，但至少她們看見了另一個料理世界。

歐洛夫王子小牛肉
選購小牛肉的肋脊肉或腰肉，
最好是肥肉少的中央部位

> 生長 22 週，體重 150 公斤，
> 脂肪低、香味特殊

材料（4 人份）

- 奶油 4 湯匙、洋蔥末 1 顆
- 蘑菇片 150 公克
- 檸檬汁 2 湯匙、鹽適量
- 現磨黑胡椒適量、蛋黃 1 顆
- 小牛肉 4 塊，各 230 公克

作法

❶ 預熱烤箱至 220℃。取一大平底鍋，將 1/2 的奶油放進鍋中，加熱至奶油稍微冒泡後，放入洋蔥煮至軟呈半透明狀，但注意別燒焦變色。再加入蘑菇、檸檬汁、鹽與黑胡椒，以中火煮至蘑菇釋出水分。

❷ 另取一大平底鍋，加入剩下的奶油加熱融化，接著，放入小牛肉，以**中火煎約 6 分鐘**，或煎到小牛肉呈現金黃色，然後翻面再煎 6 分鐘。然後，把小牛肉擺在烤盤上，並把作法 1 的蘑菇洋蔥泥舀到每塊小牛肉上，分量必須均等，再用刀子把表面抹平。

❸ 稍微打散蛋黃，加入起司醬中，然後舀到作法 2 的蘑菇洋蔥泥上頭，撒上製作起司醬剩下的起司粉。放入烤箱，約烤 10 分鐘，直到表面呈現光澤或呈金黃色。

❹ 上桌時，每塊小牛肉都加上大量起司醬，並另外搭配一些青豆，即可。

起司醬

材料：奶油 2 湯匙、中筋麵粉 2 湯匙、牛奶 240 毫升、鮮奶油 60 毫升、現磨豆蔻粉 1/2 湯匙、番椒（辣椒）粉少量、帕馬森起司粉或格呂耶爾（gruyère）起司粉 2 湯匙

作法：

1 取一平底鍋，將奶油加熱至融化，再慢慢倒入麵粉，並不斷攪拌。重點在於讓麵粉充分融入奶油，否則醬汁不會有滑順的稠度，但也不要煮到燒焦。

2 把作法 1 的鍋子從爐火移開，慢慢倒入牛奶的同時，迅速攪拌，等醬汁拌勻後，重新把鍋子移回瓦斯爐上方以中火加熱，再加入鮮奶油、豆蔻粉與番椒粉，適度調味。轉大火讓醬汁稍微收乾（約 5 分鐘），然後置於一旁冷卻，加入 1/2 的起司粉，充分攪拌，即為起司醬。

要在自家料理歐洛夫王子小牛肉，必須兼具大膽與高段廚藝，成果會十分值得。即使你時間不多，這個選用上好小牛肉的版本，也能讓你嚐到杜柏瓦所創造的美味。

14 這個咖哩，
是道地英國菜——
濃汁咖哩羊肉 Lamb Balti

很少料理能像濃汁咖哩羊肉般迅速躍居經典名菜。在英國有些地區，「去吃濃汁咖哩」就像是參加成年禮，而奢華濃重的咖哩醬汁，搭配入口即化的鮮嫩羊肉，完全叫人無法抗拒。

濃汁咖哩具有五個特點，在印度料理中獨樹一格：搭配的肉類絕對不帶骨；得用專門的鍋子以高溫烹煮；採用植物油，而非印度人慣用的酥油；還得加入新鮮香料，而非混入現成醬汁；最後，這道咖哩是跟鍋子一起上桌。

▲ 濃汁咖哩羊肉跟印度不太相干，反倒與英國有關。

從美食沙漠變成創新料理的重鎮

印度料理以地域性明顯而聞名，北方的拉賈斯坦菜（Rajasthan）較乾，常有野味；南方的喀拉拉（Kerala）以海鮮與蔬菜咖哩著名；西南邊的果阿菜（Goa）則口味較油、較重。各式各樣的咖哩常讓外

地人眼花撩亂，上餐廳點菜時，必須仔細研讀菜單，並且叫侍者詳加解說。無怪乎在英國最有名的幾樣印度料理，通常跟複雜的印度傳統菜餚幾乎無關，其目的只是想用簡單的方式，把印度美食介紹到英國而已。

例如，濃汁咖哩羊肉就跟印度傳統菜餚不太相干。**這道料理來自英國工業大城伯明罕**。伯明罕原先是美食沙漠，1970 年代以後則成為創新印度料理的重鎮。

自從英國的東印度公司在 17 世紀成立之後，英國跟印度半島就關係匪淺。從 17 世紀起，兩地就有各種政治交流，貿易關係涵蓋香料、布料、科技與人力。隨著貿易頻繁，食物交流也是理所當然。各種料理越過滔滔汪洋，在異地稍微調整口味後落地生根。**印度料理在英國也調整了味道**，以迎合較清淡的西方口味。

甚至連「**balti**」（濃汁咖哩）這個名字都是英國人取的。這個單字與濃汁咖哩有兩重關係。第一，這是**指一種平底的小鍋子**，通常是銅製，濃汁咖哩是用這種鍋子烹煮並端上桌的；其次，這個字來自北巴基斯坦，伯明罕有些移民就來自那裡。多數專家認為這個名稱跟鍋子較有關係，跟巴基斯坦比較無關，但合理的推測是兩個原因加在一起才造就這個菜名。

英國第一家印度餐廳是倫敦的印度斯坦尼咖啡屋（Hindostanee Coffee House），在 1809 年開幕，菜餚的風味日後被稱為「拉吉」：殖民地

© Corbis

▲ 正在享用濃汁咖哩羊肉的人們。

風味料理。不幸的是，這家餐廳太早開了，要是晚個 150 年才開，生意肯定好得不得了。就是因為當時英國人還不習慣重口味的料理，印度斯坦尼咖啡屋只勉強撐了三年就關門大吉。

道地吃法：咖哩搭印度烤餅，再配啤酒

直到 1960 年代，英國才風靡印度料理。當時英國經濟繁榮，十分流行在外用餐。來自印度次大陸的移民在英國各地形成小社區，滿足他們口味的餐廳紛紛出現，然而沒過多久，一般英國人也發現這些新餐館，迷上濃重的醬汁，也迷上伴隨每道菜餚上桌的印度烤餅。另一點值得注意的是，英國人當時嗜飲啤酒，而**印度菜跟啤酒相當搭配**，這也是印度菜風靡英國的一大原因。

一般認為，伯明罕的穆罕默德・阿吉布（Mohammed Ajaib）在 1977 年發明了濃汁咖哩。他的費薩爾餐廳（Al Faisals restaurant）在咖哩口味上絕對是先驅，沒多久其他同業紛紛效法他的料理。

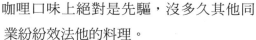

1980 年代中期，濃汁咖哩成為伯明罕的主流料理，雷迪普爾路（Ladypool Road）、史坦尼街（Stoney Lane）跟史塔特福路（Stratford Road）圍成的那塊區域，至今仍稱為「濃汁咖哩金三角」，是市內濃汁咖哩餐廳最密集的地方，有些歷史最悠久的老字號也開在這裡。

◀ 從殖民時期開始，英國跟印度就結下密切關係。

▲伯明罕的濃汁咖哩金三角，咖哩迷眼中的聖地。

　　濃汁咖哩的名氣傳遍英國，甚至傳到海外。如今，在加拿大跟澳洲都找得到供應濃汁咖哩的餐廳，越來越多人愛上這種咖哩：慢慢燉煮的濃厚醬汁，微微帶著一抹焦香，印度咖哩粉中的肉桂逸出微妙的甜味。

　　然而，濃汁咖哩的重鎮依然是伯明罕，有些人甚至認為只有在濃汁咖哩金三角才嚐得到道地的濃汁咖哩。**最道地的吃法依然是搭配一大張印度烤餅**，但在家裡你可以隨心所欲自行決定——只是別忘**了配上一杯沁涼的啤酒。**

▲英國和印度走過一段動盪歲月，幸好現在的「火力」多為辣椒，而非砲彈。

濃汁咖哩羊肉
火候是關鍵，記得配上一杯冰啤酒

🥦 材料（4 人份）

- 小茴香子 2 茶匙、胡荽子 4 茶匙
- 黑芥末子 2 茶匙、茴香子 2 茶匙
- 葫蘆巴子 2 茶匙
- 喀拉蚩乾辣椒 2 根
- 植物油 2 湯匙、洋蔥丁 1 顆
- 5 公分生薑 1 根，去皮並切碎
- 番茄片罐頭 400 公克、新鮮咖哩葉 15 片；蒜頭 5 瓣，拍碎
- 羊肩肉或其他部位的羊肉 1 公斤，切成塊狀
- 鹽 1 茶匙、印度香料粉（Garam masala，由肉桂棒、豆蔻、小茴香子、丁香、黑胡椒、肉豆蔻等材料研磨而成）1 茶匙
- 胡荽 1 大束，切碎
- 紅辣椒或鳥眼辣椒 3 根，切開

🍳 作法

❶ 把小茴香子、胡荽子、黑芥末子、茴香子、葫蘆巴子跟乾辣椒放入熱過的乾鍋，炒約 1 分鐘，過程中得不斷翻炒，以免香料燒焦，黑芥末子則需炒至剛要爆開為止。接著，把香料倒進研磨機，磨為粉末。

❷ 取一炒鍋，把油加熱，加入洋蔥、生薑、蒜頭，用小火炒，直到洋蔥變軟且邊緣開始變色。接著加入番茄片與咖哩葉，直到醬汁稍微變稠。

> 先炒，再加水燉煮

❸ 續作法 2 鍋中，加進作法 1 的香料粉末，小心攪拌免得黏鍋。如果醬汁顯得太乾，就稍微加水稀釋。接著，加入羊肉、鹽約炒 5 分鐘，好讓羊肉確實沾上醬汁。接著加入 250 毫升的水，蓋上鍋蓋，燉煮 90 分鐘。

❹ 取一濃汁咖哩專用鍋加熱，把作法 3 的羊肉放進鍋中，加入印度香料粉、胡荽和紅辣椒。續煮 3 分鐘至滾燙，讓辣椒變軟。如果你沒有濃汁咖哩專用鍋，則把印度香料粉、碎胡荽與鳥眼辣椒加入原本作法 3 的鍋子。

❺ 作法 4 起鍋後，跟印度烤餅一起上桌，並搭配一杯冰啤酒。

美味關鍵 Tips

這道料理看似源自印度，實際上卻是不折不扣的英國料理。濃汁咖哩需要慢工出細活，所以請及早準備，用心烹煮。火候是讓這道料理與眾不同的關鍵，最後加進的新鮮配料則能讓濃稠醬汁更加迷人。

15 英國女王加冕大典的國宴料理——
加冕雞 Coronation Chicken

加冕雞是典型的英國料理，帶有皇家風味，單純樸實的味道歷久不衰，五十多年來是三明治店的熱門餐點，也是野餐時刻的絕佳良伴。

這道料理把雞肉加上些許咖哩風味，讓平淡的雞肉搖身一變，洋溢著動人心弦的異國風味。在自助餐吧檯上，印度香料的黃色讓這道菜獨樹一格。這道菜會廣受歡迎和英國人的兩個最愛有關——咖哩與女王！

© Mary Evans Picture Library

▲ 康斯坦絲·史普瑞是加冕雞的發明者之一。

花藝大師為女王創作登基料理

1953 年 6 月 2 日，英國人民準備迎接女王的加冕大典。典禮經過細心籌劃，遊行也十分盛大。年輕的伊莉莎白二世女王從白金漢宮走過林蔭大道，接受 300 萬名民眾的搖旗歡呼。這是電視史上

最壯觀的戶外轉播，只是黑白畫面無法呈現沿著大道悉心布置的繽紛花朵。這些花朵裝飾出自全英國頂尖花藝大師康斯坦絲・史普瑞（Constance Spry）之手。

然而，世人之所以常把她和加冕大典聯想在一起，並不是因為壯觀的花藝布置，而是因為她在料理上的貢獻。大家幾乎始終公認康斯坦絲・史普瑞是加冕雞的發明者，據說加冕雞是當天國宴上的一道料理，女王也見證了料理的發明。

早在 1920 年代，她就是赫赫有名的花藝高手，以季節性花草搭配莓果與綠蘭廣受大眾歡迎；大眾厭倦了維多利亞風格的蘆筍蕨與康乃馨。而她選用其他花卉家忽略的英國鄉間植物，在花材選擇上掀起新風潮。

史普瑞馬上接到許多生意，因此搬到倫敦梅費爾市集（Mayfair

© Mary Evans Picture Library

▲ 伊莉莎白女王的加冕典禮激發了加冕雞的發明。

© Corbis

▲ 1953 年，民眾從四面八方前來觀賞英國女王的加冕大典。

Market）的新地點，進而引起皇室的注意。當初伊莉莎白公主接受的是老式皇家教育，但她觀念十分前衛，還在 1947 年邀請史普瑞以花朵布置她的婚禮；五年後，當伊莉莎白準備登基時，史普瑞就成為理所當然的人選，負責以她招牌的英式花卉風格布置遊行路線。

同時，史普瑞也是位暢銷作家，寫出許多暢銷書，不僅暢談園藝，還談到如何把自家花園裡的花草拿來入菜。她跟家政專家蘿絲瑪莉‧修恩（Rosemary Hume）就料理部分攜手合作，還共同開了一間餐飲學校。這間學校大受歡迎，史普瑞更是聲名大噪，她的學生因此雀屏中選，負責替參加登基大典的外國代表團準備一場餐宴。修恩負責設計菜單，教導學生如何準備各式料理，其中一道菜格外突出──加冕雞。

跨文化：英國、印度、加勒比海，大英帝國的精隨

加冕雞的外觀呈淺黃色，添加了咖哩粉、美乃滋與杏仁，並帶著少許檸檬與醋的微酸，在某方面**代表著大英帝國的精髓：香料叫人憶起印度，水果則展現加勒比海的風味。**

值得注意的是，在戰後的英國幾乎沒人會用印度香料，所以這種**跨文化的料理**十分難得，修恩可謂使盡渾身解數。她十分細心周到，設計出的這道料理不僅帶有異國風味，所用的材料也並不困難，就算在戰後實施配給制的英國裡，都能夠找到這些食材。修恩原本把這道菜稱為「伊莉莎白的雷恩雞」，史普瑞則想出能立刻擄獲人心的名字：加冕雞。

　　1956 年，易讀實用的《康斯坦絲・史普瑞的料理指南》（*Constance Spry Cookery Book*）出版問世，書裡公開了加冕雞的食譜。由於鄧特父子（JM Dent & Sons）出版社的壓力，書名中只出現史普瑞的名字，但我樂於在此盡一己之力替修恩稍作平反。這道菜如同野火燎原般立刻廣受歡迎，美食家普魯・萊思（Prue Leith）說：「自從艾斯科菲耶發明蜜桃梅爾巴冰淇淋之後，不曾有任何料理能如此迅速的大受歡迎。」

　　因此，當你帶著包有加冕雞的法國麵包，站在梅費爾市集的藍色外牆前方，站在這個史普瑞以花藝發跡之處，不妨順便懷念一下史普瑞那位熱愛料理的朋友蘿絲瑪莉・修恩。因為有她，我們才有那麼多美好的野餐時光。

▶ 伊莉莎白二世。她是否真的喜歡加冕雞實在不得而知。

加冕雞
選用味道溫和的咖哩粉，
以免咖哩搶味

材料（8 人份）

- 植物油適量、小豆蔻 5 顆
- 肉桂棒 1 根、黑芥末子 1 茶匙
- 優質雞湯 1 公升、洋蔥末 1 小顆
- **雞胸肉 4 塊**，不去皮
- 中等辣度咖哩粉 1 湯匙
- 紅酒 100 毫升、月桂葉 1 片
- 番茄泥 1 湯匙；杏仁 4 顆，切碎
- 鮮榨檸檬汁 1/2 顆
- 美乃滋 300 毫升
- 青葡萄乾 1 小把，泡在 20 毫升
  的水中；鮮奶油 100 毫升
- 鹽少許、現磨黑胡椒少許
- 小寶石萵苣 1 顆，菜葉剝開

作法

❶ 取一平底鍋，倒入油加熱，再放入小豆蔻、肉桂棒和黑芥末子，開始嘶嘶作響數秒鐘後，倒進雞湯，煮至略滾。接著，放入雞胸肉，以溫火燉煮 20 分鐘，然後把鍋子移開爐火，置於一旁冷卻。等完全冷卻之後，把雞肉取出切片。

> 什麼？雞胸肉也能這麼軟嫩滑順？

❷ 同時，在另一平底鍋中倒入 1 湯匙植物油，加熱並放入洋蔥末。煮 3 分鐘後，撒入咖哩粉，再煮 30 秒鐘，然後加入紅酒、月桂葉、番茄泥和檸檬汁，以小火燉煮 10 分鐘後，過濾醬汁。

❸ 將杏仁倒進果菜調理機攪碎後，加進美乃滋裡。再倒入作法 2 的咖哩醬拌勻。如果太過濃稠，就酌量加入作法 1 的雞湯。

❹ 打發鮮奶油，混入作法 3 的美乃滋，加進青葡萄乾與作法 1 的雞肉，撒上鹽和黑胡椒混合。

❺ 把作法 4 的加冕雞舀到小寶石萵苣葉片上，即可。

美味關鍵 Tips

選用味道溫和的咖哩粉，記得爐火別開太大，咖哩味只是陪襯，不該喧賓奪主。如果你想帶著出門，可以把加冕雞包在法國麵包裡，搭配鮮脆可口的萵苣絲。

16 拿破崙就是要 這個勝利滋味—— 義式白酒燉雞 Chicken Marengo

乍看之下，把螯蝦、雞肉、雞蛋和康乃克白蘭地酒一起料理十分不搭調，但廚師有時迫於情勢不得不把創意發揮到淋漓盡致，義式白酒燉雞就是因此而誕生。

這道菜能贏得美食家的心，是因為**背後有一段克服逆境的故事**，也或許是因為結合鮮嫩雞肉、香甜番茄和螯蝦，再由雞蛋與醃橄欖

© Mary Evans Picture Library

▲ 1800 年 6 月 14 日的馬倫哥會戰，拿破崙最引以為傲的勝仗。

畫龍點睛，撩撥了食客的心弦（加入醃橄欖是後來才出現的作法，可謂神來之筆）。就本質而言，義式白酒燉雞是一道簡簡單單的料理，但整體來看又充滿驚奇，相當精采。

▲ 拿破崙有舉世無雙的軍事頭腦。

物資短缺，捕抓野味激發創作

根據傳說 1800 年春天，拿破崙成為法國的第一執政，出兵攻打義大利北邊的奧地利領土。他的軍隊必須穿越凶險無情的阿爾卑斯山脈，補給線因而拉得又長又細，容易造成危險。

拿破崙深深相信「肚子是行軍的關鍵」，為了全軍與自己的肚子，他帶著一支盛大的食勤團隊，由瑞士出生的中年主廚杜南（Dunand）負責。我們不知道他的全名，但他的父親是孔代親王（Prince of Condé，法國的世襲貴族稱號）的私人主廚，而孔代親王是法國有名的美食家。

1800 年 6 月 14 日，法軍在義大利西北區皮埃蒙特（Piemonte）的馬倫哥（Marengo）意外遭受奇襲，經過將近一日的酣戰過程，法軍幾乎都在敗戰邊緣。然而，由於拿破崙發揮軍事長才，加上增援部隊及時趕到，法軍終究取得關鍵勝利。拿破崙認為這是他一生最大的勝仗，而這也是他四年後登上法國皇帝的一大關鍵。

正當法軍在皮埃蒙特平原鼓足精神奮戰之際，杜南面對另一種截

然不同的戰場。他知道拿破崙在上戰場前向來不會用餐，但下戰場後
會立刻大快朵頤。

　　補給越來越缺乏，他只好派遣助手盡力尋找當地野味。他們帶回
一隻骨瘦如柴的雞、幾顆番茄、幾顆雞蛋、幾隻河裡抓來的小螯蝦，
據說還有一個炒鍋。杜南迅速以軍刀切開雞肉，加入大蒜與番茄一起
烹煮，並搭配螯蝦與雞蛋，還用士兵的麵包做出油煎碎麵包片。

　　拿破崙一吃，愛得不得了，甚至下令這次出兵的**每一場戰役結束
後都得有這道料理**。杜南只要有空就著手改良，在醬汁中加入白蘭地
與雞蛋，或使用龍蝦等高級食材，藉以讓這道菜更像「古典料理」。
然而**拿破崙有些迷信，他堅持這道菜必須保持原狀，跟他取得重大勝
利的那晚一模一樣**。

　　時光會消弭傳說，許多犀利的學者甚至懷疑杜南當時是否身在馬
倫哥。當時的歷史學家並不在意軍中由誰擔任廚師，有些史料甚至指
出杜南在 1800 年仍替孔代親王掌廚。

© Mary Evans Picture Library

　　然而，最權威的料理書籍，例如
《拉魯斯料理全書》和《牛津飲食指
南》（*Oxford Companion to Food*），皆
把杜南當成義式白酒燉雞的發明者，
毫不懷疑這道菜**與馬倫哥會戰有關**；
學者也確定這道菜發源於杜林城外
的馬倫哥小鎮。

◀拿破崙展現軍事天才，贏得馬倫哥會戰
的勝利。

▲ 拿破崙要求廚師在每場戰役之後，都得準備義式白酒燉雞。

另有一說：蔬菜燉肉改名的

然而，還有另外一個展現出愛國心的故事：法國取得大勝仗的消息傳回巴黎時，某間餐廳的老闆樂得把店內知名的**蔬菜燉肉**改名為馬倫哥燉雞（譯按：也就是義式白酒燉雞的英文原名）。美國名廚茱莉亞·柴爾德在著作中收錄義式白酒燉雞的食譜，認為這道料理跟其他更知名的雞肉料理同樣屬於法國「古典料理」。

現代版本的義式白酒燉雞會加入橄欖、洋蔥與蘑菇，但仍然是一道簡簡單單的料理，而跟許多名菜一樣，這是義式白酒燉雞能歷久不衰的一大原因。也許跟在戰場邊備感疲憊的杜南一樣，我們在平日晚間懶得施展什麼料理創意，而且如今雞肉到處有賣（杜南會很喜歡這個諷刺），價格低廉，因此成為備受歡迎的食材。

我個人認為每個人或多或少都想當個小拿破崙，而且在經過整日辛勞與通勤之後，還有什麼料理比義式白酒燉雞更合適呢？

義式白酒燉雞
如果買不到螯蝦，也可以選購明蝦

▶ 拿破崙在上戰場前很少用餐，卻喜歡在每場勝仗之後享用義式白酒燉雞。

© Bridgeman Art Library

材料（4 人份）

- 奶油 50 公克、葵花籽油 1 湯匙
- 全雞 1 隻，切成 8 塊（可以請肉販代切）；長紅蔥 4 根
- 中筋麵粉 50 公克
- 乾白葡萄酒（vin blanc）300 毫升、雞湯 150 毫升
- 罐裝番茄丁 400 公克
- 蘑菇 400 公克、番茄醬 2 湯匙
- 白蘭地少許；蒜頭 2 瓣，拍扁
- 西洋芹碎末少許、鹽適量
- 黑胡椒適量、麵包厚片 4 大塊
- 橄欖油 3 湯匙、迷迭香 1 小枝
- 水煮螯蝦 300 公克，去殼（可用明蝦代替）

作法

❶ 先把烤箱預熱至 180℃。

❷ 取一耐高溫的大型烤盤，倒入葵花籽油和奶油加熱，等奶油冒泡後，放入雞肉塊，煮 10 ～ 12 分鐘至雞肉呈金黃色便起鍋，放在餐巾紙上，備用。

❸ 續作法 2 盤中，加入長紅蔥，約

煮 8 分鐘至變色，把紅長蔥放在餐巾紙上。然後，倒掉烤盤上的多數油脂，加入麵粉，煮至稍微呈金黃色。接著，倒入乾白酒和雞湯，轉小火煮約 10 分鐘。再倒入番茄丁、蘑菇、番茄醬、白蘭地、大蒜、西洋芹（保留少許以便盤飾之用）、鹽與黑胡椒。

> 有夠香

❹ 把作法 2 的雞肉和作法 3 的長紅蔥放回作法 3 的烤盤，轉大火。煮滾後便放進作法 1 的烤箱，烤 1 小時至雞肉幾乎全熟。

❺ 麵包切成小塊，再把橄欖油均勻淋上麵包塊表面。將迷迭香切碎，撒到麵包上，放進烤箱，烤 15 分鐘讓麵包表面呈金黃色，過程中適時翻面數次。

> 酥和嫩的組合，讚啊！

❻ 把作法 4 的烤盤拿出烤箱，放入螯蝦或明蝦，再放回烤箱烤 10 分鐘後取出。分為四盤，以剩下的西洋芹碎末及作法 5 的麵包裝飾即可。

美味關鍵 Tips

這道菜可以讓陰雨綿綿的夜晚散發光芒,不僅豐
盛好吃,還能溫暖人心。儘管拿破崙從不同意任
意更換材料,但我認為明蝦跟螯蝦一樣適合,尤
其螯蝦解凍後不太好前置處理。

17 哪道菜代表了世人對中華料理的期待？──
宮保雞丁 Kung Pao chicken

　　如果你造訪英國或其他地方的「中國城」，你會看到每家餐廳的菜餚都大同小異，匆匆上菜的模樣也半斤八兩，倫敦某家中國餐廳有名的甚至不是料理，而是粗魯的服務。

　　我不愛賭博，但我敢打賭說幾乎每家中國餐廳都提供宮保雞丁。**這道菜包含世人對中華料理的各種期待。宮保雞丁味道辛辣，肉質鮮嫩，搭配脆爽的花生，**豐富多樣的味道與口感展現在一個小小的盤子上，叫人食指大動。

© TopFoto

總督的創意：麻辣花椒炒雞肉，令人上癮

　　宮保雞丁誕生於 19 世紀晚期，當時中國最後的一個王朝──清朝漸漸步入尾聲。一位名叫丁寶楨的傑出官員奉命擔任四川總

◀中式料理在 1950 年代席捲歐洲。

▶四川省充滿
活力，可謂
中國的物產
富庶之地。

督，他大舉重修水利設施，

從此鄰近村鎮不再遭受水患的威脅，整塊區域成為中國最富庶豐收的

地區，小麥產量居全國第一，還大量生產稻米、柑橘、甘蔗與桃子。

此外，他也保護省境不受歐洲列強的侵擾。為了表彰他的功績，清廷

冊封他為「東宮少保」，簡稱「宮保」（按：實為太子少保，因太子常

居東宮而有此名）。

　　清廷內憂外患不斷，經濟狀況每況愈下，食物供應逐漸短缺，各

省府裡的廚師得想方設法替菜餚增色。四川的鄉下盛產花椒，又名蜀

椒，能讓嘴巴產生「麻」的感覺，若一次吃太多甚至會害嘴巴麻痺。

不過，**花椒容易使人上癮，深受丁寶楨的喜愛，他把花椒加進炒雞肉

中**，創造出一道有個性、有勁道的料理。為了紀念他，這道料理就稱

為宮保雞丁。

　　另外，還有一個故事版本：據說丁寶楨兒時曾跌進河中，當地

一戶人家趕忙出面營救。他成為總督之後，找到這家人並親自登門致

謝，那時他們就炒出這道菜招待他。他把作法帶回府裡，時常要求廚師重現美味。他也喜歡把花椒加進豬肉或鮮蝦料理，但最搭配的還是雞肉。

丁寶楨在 1886 年去職，但宮保雞丁仍繼續流傳，川菜也在國際上受到歡迎。清朝不斷分崩離析（最後在 1912 年垮臺），被迫開放門戶與外國貿易通商，供歐洲列強開拓市場。想當然耳，走訪各地的貿易商愛上花椒的獨特味道，尤其著迷於宮保雞丁。

遺憾的是，他們難以正確發音，宮保雞丁漸漸演變出「宮保」（Kung Pao）、「金包」（King Pow）、「宮波」（Kung Po）等數不清的英

© TopFoto

▲ 1954 年餐廳老闆徐女士教導英國作家安妮‧亞莉珊（Anne Alexeiv）中華料理的道地煮法與吃法。

文拼音，如今在各間餐廳的菜單裡俯拾可見。

逃離毛主席，跟著移民英美

宮保雞丁不僅是歷久不衰且廣受喜愛的中華料理，還有一個特殊軼事。在毛澤東掀起的文化大革命期間，宮保雞丁被認為是一種政治不正確的料理！從 1960 年起的將近 40 年間，宮保雞丁稱為「快炒雞肉塊」，避開丁寶楨與他所代表的帝制時代。

英國人對宮保雞丁的喜愛始於 1950 年代，當時英國開始冒出中國餐館。戰後許多移民湧進英國（多半是逃離毛澤東政權的香港人），短短 10 年，英國境內的中國移民從 3,000 人暴增至將近 4 萬人。美國人比較晚才迷上宮保雞丁，而且在 1968 ～ 2005 年期間，美國禁止進口四川花椒，以避免裡面含有的病菌危害到橘樹（新式加工技術減少危害風險之後，這則禁令即告取消）。

▶ 有賴丁寶楨的功勞，岷江成為四川省重要而安全的水源。

© Corbis

我們現在品嚐到的宮保雞丁，或許不如當年那般麻辣帶勁，但我覺得丁寶楨仍認得出他鍾愛的宮保雞丁所散發的迷人麻勁。

宮保雞丁
每樣材料盡量切成相同大小，
並搭配重要主角——花椒

材料（4 人份）

- 無骨雞胸肉 2 塊，各約 450 公克，去不去皮皆可
- 花生油 2 湯匙
- 風乾紅椒 3 根，去籽並切 5 公分長；蒜片 3 瓣
- 四川花椒 1 湯匙
- 生薑片 1 根，5 公分長
- 大蔥段 4 根（切除綠色莖幹）
- 少許無鹽花生（如果只買得到加鹽花生，需先泡水 30 分鐘）

醃料

- 淡色醬油 2 湯匙
- 紹興酒或半乾雪莉酒 2 湯匙
- 太白粉 2 湯匙

調味料

- 鹽、現磨黑胡椒適量
- 蔗糖 3 湯匙
- 太白粉 1 湯匙
- 深色醬油 1 湯匙、豆漿 1 湯匙
- 芝麻油 1 湯匙

作法

1. 盡量把雞肉平均切成寬 1 公分的條狀，再切成小塊。放進小碗中，加入 1 湯匙的水，與所有醃料混合均勻。

2. 取一炒鍋，倒入花生油，開大火加熱。等油變熱但尚未冒煙之際，加入紅椒與花椒，快炒至兩者變脆且油變得香辣。注意別讓材料燒焦（必要時，把炒鍋從爐火上移開以避免過熱）。

3. 續作法 2 鍋中，迅速加入作法 1 的雞丁，大火快炒，不斷翻炒。等雞丁炒散就加入薑片、蒜片和蔥段，繼續翻炒數分鐘直到香味四溢且雞肉熟透。

   有夠下飯！

4. 將所有調味料混勻後，倒入作法 3 的炒鍋，持續翻炒。等醬汁變稠發亮，立刻倒進花生，稍微翻炒之後即可美味上桌，搭配白飯最下飯。

美味關鍵 Tips

這份食譜宜古宜今。儘管放手試做,但需記得兩
個必要動作:把每樣材料盡量切成相同大小,還
有務必加進四川花椒。好好享受吧!

18 戰鬥民族的皇家爆漿美食——
基輔雞 Chicken Kiev

1970 年代，人們有一陣子認為，如果一場宴會沒有端出包著大蒜與奶油的炸雞搭配薯條，就不值得赴宴。如今這道料理不見得都是用雞肉，可以改用雉雞或珠雞，裡頭填充的食材也變得五花八門，舉凡龍蒿或榛果都行。

雖然這道菜以**烏克蘭首都來命名**，卻不是真正的東歐料理，就像冷戰時期的賣座片《獵殺紅色十月》（*The Hunt for Red October*），主角蘇格蘭演員史恩·康納萊（Sean Connery）操的，也不是真正的東歐口音。

© Mary Evans Picture Library

▲俄國革命期間，許多人逃到歐洲各國或美國，也把料理作法帶到各地。

如果想了解熱度如何從外殼傳導至內部的柔軟奶油，得稍加利用科學方法才行，因此這道菜會**由一位擅長將科學運用至食物的男子發明**出來，並不叫人感到意外。

正名「科特莉特斯雞排」太拗口，因而改名

1749 年，尼古拉‧阿佩爾（Nicolas Appert）生於法國東北部，他既會釀酒與製作醃漬食物，還是糖果糕點師傅。在身兼數職的過程中，他發覺在不同條件下能改變食物的特性，例如把糖拉長，或把穀物釀成啤酒──統統牽涉化學作用。

他在巴黎擔任廚師時，想找出方法防止雞胸裡的填充物不再焦掉或外漏，後來偶然發現可以用蛋液封住表面，讓裡外不透氣，使奶油在裡面緩緩融化，要等切開之際才會完美的流出來。他把這道料理稱為「科特莉特斯雞排」（côtelettes de volaille）。

18 世紀中葉，法國料理蓬勃發展。1741 ～ 1762 年之間在位的俄國女皇伊麗莎白‧彼得羅芙娜（Elizaveta Petrovna）著迷於法國的一切事物，派御廚到巴黎學習，還延攬最好的法國名廚到莫斯科和聖彼得堡。此外，當時法國的貴族生活遭受威脅，甚至還會面臨斬首的命運，因此許多法國廚師紛紛來到俄羅斯，法國料理相繼傳入並蔚為風潮。

科特莉特斯雞排是其中之一，沒多久便列入許多餐廳的菜單，也登上食譜、報紙及其他出版品。然而 50

© Mary Evans Picture Library

▶ 18 世紀末期的巴黎，「基輔」雞的創造者尼古拉‧阿佩爾當時住在這裡。

年後，幾件世界大事影響到這道料理的命運。在 1917 年的俄國革命與第一次世界大戰之後，許多人離開飽受蹂躪的歐洲大陸，前往美國尋求嶄新的人生，但仍相當懷念家鄉的料理。

因此科特莉特斯雞排很快就席捲全美，但有些人覺得這個名字很拗口，就連俄文名稱也一樣難念。相較之下，基輔雞順口多了。這名字足以引人注意，也簡單好記。我們知道 1930 年代芝加哥有兩間俄國餐廳提供基輔雞，但這個名字比較可能是由紐約地區的餐廳老闆所發明，他們很想藉此牽動新客人的心弦，多賺幾筆生意。

最早運用急速冷凍法的食品

尼古拉‧阿佩爾在另一方面的貢獻太過重要，掩蓋了他在創新料理上的成就。在故事結束之前，讓我們先回到 18 世紀晚期的法國。

© Mary Evans Picture Library

▲ 歐洲人十分羨慕巴黎市民無憂無慮的生活方式，紛紛起而模仿。

© Mary Evans Picture Library

▲ 俄國沙皇會在金碧輝煌的飯廳裡用餐。

本書提過，拿破崙希望自己及部隊能吃到最高品質的法國料理。這容易造成供應上面臨嚴重的問題，因此法國政府懸賞：誰想到方法讓食物能經過數千公里的運送仍不會腐壞，便可以得到 1 萬 2,000 法郎 —— 等於今天的 4 萬美元（約新臺幣 120 萬元）。

阿佩爾先前已展開實驗，最後發覺如果把食物高溫烹煮至全熟，再密封進不透氣的容器中，就能保持 3 個月不腐壞。1810 年他把這項發明呈報給拿破崙而得到賞金，並在同年把方法寫進他的著作《肉品與蔬菜保存指南》（*L'Art de conserver les substances animales et végétables*）。這個方法迅速風行，許多船隻也運用此法保存食物。

1979 年，也就是將近 170 年後，故事好像兜了一圈回到原點。那年英國一家連鎖餐廳大膽採用「急速冷凍法」來保存煮好的食物：沒錯，你猜到了，他們最初用來測試的兩道料理之一就是基輔雞。阿佩爾應該會欣然同意他們這樣做。

© TopFoto

▶ 伊麗莎白‧彼得羅芙娜女皇把法國料理引進俄國。

基輔雞
確保餡料完全密封，只包裹薄薄一層蛋液

🥦 材料（4 人份）

- 雞胸肉 4 大塊，最好仍連著翅骨
- 鹽適量
- 現磨黑胡椒適量
- 中筋麵粉 2 湯匙
- 全蛋 2 顆，打勻
- 麵包粉 6 湯匙
- 植物油適量，用來油炸

香草奶油醬
- 奶油 200 公克（室溫）
- 龍蒿現切碎末 1 湯匙
- 西洋芹碎末 1 湯匙
- 蝦夷蔥末 1 湯匙
- 檸檬汁 3 湯匙

🍳 作法

❶ 把香草奶油醬的所有材料倒進小碗中拌勻。接著，把奶油醬分成 4 條，各約 5 公分長，放進冰箱，備用。

❷ 用刀子取下雞翅，再把雞胸對半切開呈蝴蝶狀。把切半的雞胸放在砧板上，雞皮那面朝下，用肉槌隔著保鮮膜捶打到捶扁為止，然後撒上鹽和黑胡椒，將作法 1 的奶油醬填進雞胸肉再合起，並用 1 根牙籤固定。

❸ 把麵粉、蛋液和麵包粉分別放在 3 個碗中，作法 2 的雞胸肉先沾麵粉，再沾蛋液，最後裹上麵包粉。4 塊雞胸肉都如此處理。

❹ 取一大平底鍋或油炸鍋，倒油加熱至 180℃。一次放入 2 塊作法 3 的雞胸肉，油炸時間勿超過 8 分鐘，麵皮需變得棕黃並炸透。

> 外酥、內潤，光用想的就食指大動

❺ 可另外搭配沙拉或薯條一起上桌。我個人喜歡搭配簡單的馬鈴薯沙拉，作法是把水煮馬鈴薯拌上美乃滋，再撒上少量紅椒粉。

美味關鍵 Tips

這是英國大廚希爾維娜・蘿伊（Silvena Rowe）
的版本。蘿伊的昆斯餐廳（Quince）位於倫敦
梅費爾區，提供美味可口的地中海東岸料理。
這道菜的烹調過程需小心謹慎，確保餡料完全
密封住，否則奶油醬會流得到處都是。蛋液盡
量只裹一層，免得口感太溼。

19 所有魚類料理中
最精緻的美味——
法式香煎比目魚片 Sole Véronique

　　比目魚料理總會喚起美好特殊的聯想，例如上高檔餐廳享用晚餐。比目魚上桌時，通常會搭配許多戲劇性演出，甚至加上一大堆奶油。相較之下，法式香煎比目魚片顯得低調樸實。

　　沒錯，這是料理界少數用到葡萄的菜餚，也用上不少鮮奶油，但整體而言，這道菜堪稱幽微細緻，運用蜜思嘉小葡萄（Muscat）的香

© Getty Images

▲ 奧古斯特・艾斯科菲耶是許多新菜餚的幕後推手，1899 年拍攝於倫敦。

▶ 在宣傳海報中，薇若妮卡由好友弗羅雷斯坦（Florestan）幫忙推著鞦韆。

甜，混合進帶有苦艾酒香氣的白醬，呈現出所有魚類料理中最精緻的美味。

第一位在菜單標示價錢的廚師

　　許多新料理的發明純屬意外，最常見的就是因為材料不足。然而，有時廚師只是想施展一些料理魔法而已。要施展真正的魔術，得請到魔術師才行，而法國名廚奧古斯特・艾斯科菲耶不只是魔術師，還是最偉大的那一位。

　　艾斯科菲耶在 1859 年開始下廚。那時他才 13 歲，在舅舅位於尼斯的餐廳幫忙。他對料理極具天分與熱情，後來足跡遍及法國與歐洲。他在料理手法與食材搭配方面極具開創力。原先各種料理是一次統統上桌，他與其他少數廚師創先開始調整菜單，讓料理一道一道依序呈現，他還是第一位在菜單上把各道料理分別標示價錢的廚師。

　　他跟飯店老闆西撒・麗思受英國戲劇製作人理查・多伊利・卡特（Richard D'Oyly Carte）之邀，在 1889 年來到倫敦，三人攜手打造全新的薩伏伊飯店。薩伏伊飯店的一切都極富革命性，例如設有電梯、客房裡有獨立衛浴、設有冷熱水供應系統。而艾斯科菲耶著手設計一

套相稱的菜餚。

然而，三人的關係迅速生變。艾斯科菲耶和麗思飽受詐欺與收賄的指控，所以轉而把大多數精力投注於他們自己的飯店，第一間是巴黎的麗思酒店（1898 年開幕），接著是倫敦的卡爾頓酒店（1899 年開幕），彷彿什麼壞事都沒發生過。艾斯科菲耶的聲勢如日中天，再度替倫敦飲食界立下標竿。談到掌握顧客的喜好，他是第一把交椅。

以戲劇命名，捧紅料理也捧紅戲

艾斯科菲耶相當擅長表演與行銷。他跟麗思都知道經營旅館或餐廳的一大關鍵在於吸引腳步——如何讓人走進門來。他們也知道顧客有些像飛蛾——他們常會選擇最明亮或最熱鬧的餐廳。艾斯科菲耶向來喜歡以人名或是地名來替料理命名，這是拿破崙時代法國料理界的習慣。

然而，就法式香煎比目魚片來說，他選擇**不以真人來命名，反倒挑上戲劇裡的熱門角色**（譯按：法式香煎比目魚片的原文名稱為 Sole Véronique，而 Véronique 是法國姓氏「薇若妮卡」）。

當時風行的是喜歌劇，這股風潮源自 30 年前英國戲劇製作人卡特把吉爾伯特與沙利文（Gilbert & Sullivan）的作品搬上舞臺。1903年，倫敦新上演的大戲是法國作曲家安德烈‧梅薩熱（André Messager）的《薇若妮卡》，又

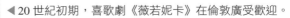

◀20 世紀初期，喜歌劇《薇若妮卡》在倫敦廣受歡迎。

由於法式香煎比目魚片的緣故，這齣戲成為梅薩熱最歷久不衰的作品。

這齣喜歌劇最早在倫敦諾丁丘的皇冠劇場以法語原音上演，一年後，改在倫敦沙福茲貝里大道（Shaftesbury Avenue）的阿波羅劇場上演（這裡是倫敦最重要的劇院區），總共演出可觀的 496 場。

當時跟現在相差無幾，觀眾喜歡在上戲院之前或之後用餐，大小餐廳無不想搶得這些生意。

© Getty Images

▲ 名廚艾斯科菲耶常以新料理呼應社會大事。

艾斯科菲耶的料理原本就大受歡迎，當他聰明的以梅薩熱的熱門劇目替料理命名，立刻又掀起了一股熱潮。

他在《烹飪指南》裡收錄這道比目魚料理。這道料理跟他的許多其他作品一樣，在崇尚法國菜的大小地方受到歡迎。到了 20 世紀中葉，幾乎全球的餐飲學校都拿艾斯科菲耶的食譜教導學生。

在 1970 年代，法式香煎比目魚片是美國尼克森總統和福特總統在白宮餐宴上的喜好料理。我認為法式香煎比目魚片歷久不衰的主要原因在於，對居家料理而言，**比目魚是一種容易搞砸的食材，但這道料理卻能簡單上手。**此外，這道菜在一片白淨中點綴著翠綠，堪稱視覺效果絕佳的海鮮料理。

法式香煎比目魚片
先把魚肉拍扁後料理，口感更佳

這份食譜出自英國名廚馬克・薩金特（Mark Sargeant）之手。他所經營的拉克莎餐廳（Rock Salt）可以俯瞰福克斯通港，還是欣賞漁夫把漁獲（尤其是比目魚）搬運上岸的絕佳地點。會料理魚類的廚師，才是出類拔萃的優秀廚師，而馬克更是其中的高手。這份食譜十分簡單，而且能讓你往艾斯科菲耶的料理之心更靠近一步。

材料（4 人份）

- 比目魚菲力 700 公克，去皮並切片（或每人 2 塊）
- 鹽適量、現磨白胡椒適量
- 鮮魚高湯 400 毫升
- 苦艾酒 100 毫升，且建議選用「Noilly Prat」這個牌子
- 鮮奶油 300 毫升、蛋黃 1 顆
- 無籽葡萄 40 顆（最好選用蜜思嘉葡萄），剝皮並對半切開

作法

❶ 先把烤架加熱。把鹽和白胡椒撒在魚肉上調味，再把魚肉拍扁讓口感更佳。

❷ 取一平底鍋，放入作法 1 的魚肉，再倒進高湯與苦艾酒，以鍋蓋緊密蓋住，烹煮 3 ～ 4 分鐘。接著，取出魚肉，並用烘焙紙蓋住以保持溫度。

❸ 續作法 2 的鍋子，倒出高湯，僅留下 4 ～ 5 湯匙的量，將鍋子移開爐火，加入鮮奶油（保留約 1 湯匙的量）。再把鍋子移回爐上，讓醬汁變稠。醬汁的分量應減至原本分量的 2/3，用湯匙舀起時，像較稀的卡士達醬。

❹ 於此同時，把蛋黃倒進剩下的鮮奶油並攪拌均勻，再隔水加熱至起泡變稠。

> 這樣的醬汁配口感略脆的魚肉，感動啊！

❺ 把葡萄和作法 4 的蛋液加進作法 3 的醬汁中，快速攪拌後倒在作法 2 的比目魚菲力上（醬汁不要剩），再把魚肉放在作法 1 已預熱好的烤架上，約烤 1 分鐘後盛盤。可搭配綠色蔬菜，我個人偏好碗豆，但各種蔬菜其實都行。

20 讓人把巴黎動物園的動物都吃下去──
修隆醬汁 Choron Sauce

跟廣受歡迎的貝夏媚醬汁（白醬）相比，修隆醬汁較少出現在餐桌上，然而，修隆醬汁的故事卻相當引人入勝。這故事有兩個部分，第一部分平凡無奇，就是巴黎黃金時代，某間餐廳的好廚師發明了嶄新的醬汁，但第二部分則截然不同。就請你好好坐著，且聽我娓娓道來……。

© Corbis

▲巴黎動物園有許多動物，既好看……又好吃！

把龍蒿換成番茄泥，讓白醬變紅醬

在 1836 年，新開幕的巴維農亨利四世酒店（Pavillon Henri IV）設有豪華餐廳。為了迎接開幕，主廚法蘭索瓦・柯林內（Jean-Louis-François Collinet）**把傳統的荷蘭醬（即奶油蛋黃醬）加上龍蒿與珠蔥，調成全新的醬汁。**他把這種新醬汁取名為法式伯那西醬汁（Béarnaise Sauce），因為亨利四世出身於伯那西省（Béarn，又譯貝亞恩），而這家餐廳是以他來命名。

　　至於第二段故事，則要往後推 25 年，來到 1861 年。在有些饕客的心目中，芳鄰餐廳（Le Voisin）是當時巴黎最佳的餐館。芳鄰餐廳裡有一位天資聰穎的年輕侍者，名叫西撒・麗思（你在本書的其他名菜也會讀到這個名字），至於主廚則是亞歷山卓・修隆（Alexandre Choron）。**修隆把法國名廚柯林內創造的法式伯那西醬汁稍作調整，以濃郁番茄泥取代龍蒿**，成品帶有鮮明的粉紅色，搭配魚類跟肉類料理都十分吸睛，那份甜味也讓饕客齒頰留香。

　　之後幾年間，芳鄰餐廳生意興隆，但法國其他地方則命運乖舛。雖然法軍在國內許多地方英勇奮戰，但終究在普法戰爭吃了敗仗，拿破崙三世因而垮臺，普魯士軍隊在 1870 年 9 月 19 日兵臨巴黎，包圍整座城市。

　　聖誕節之前，巴黎內外的食品供應線都斷絕了。肉販生意興隆，一隻老鼠賣 3 法郎、一隻貓索價 10 法郎；塞納河裡完全找不到任何魚類，一罐沙丁魚罐頭索價驚人的 5 法郎。對飢腸轆轆的巴黎市民來

© Mary Evans Picture Library

▶ 圍城時期，巴黎動物園成為派得上用場的肉品儲藏處。

說，魚跟肉是必要的蛋白質；對習慣魚子醬與新鮮龍蝦的富豪權貴而言，這是一段混亂時期。

聖誕節越來越近，人們很想好好一飽口福，修隆從中看見商機。他時常走訪市區北邊的巴黎動物園，發覺動物也在忍飢挨餓，因為動物的食物都挪去給人類食用，有些動物則送往其他動物園或野放；鳥類與小型哺乳類很適合這種作法，但大型動物並不適合。於是修隆出手買下所有大型動物，包括熊、狼、大象、袋鼠與駱駝。

他把這些動物運回飯店屠宰，切成可以辨別的大小，放進儲肉室裡。他根據熊肉與象肉等的不同部位，設計出一套菜餚，把不同肉品與五花八門的醬汁互相搭配，包括他自創的那種**加入番茄泥的法式伯那西醬汁**——這種醬汁沒多久後就冠上他的大名。

就算餐廳關門大吉，美味仍流傳

1870 年聖誕節，圍城的第 99 天，這款套餐在芳鄰餐廳推出，共有 6 道菜餚。首先是驢頭派，再來是清燉象肉湯，然後是美食三重奏，包括烤駱駝、燉袋鼠和熊肋眼佐胡椒醬。

© AKG Images

▲ 巴黎圍城期間，許多人為了自由而戰。

對我們多數人而言，這分量已十分足夠，但別忘了這是 19 世紀的巴黎，因此接下來還有主菜：整塊狼臀肉佐鹿肉濃醬，搭配慢烤貓肉，附餐是烤鼠肉。跟這道豐盛主菜一起上桌的是西洋菜沙拉、一小塊松露羚羊凍，還有紅酒蘑菇

▲ 圍城期間的巴黎人飢不擇食，從老鼠到大象統統吃下肚。

豆。最後修隆大廚端上米布丁和格呂耶爾起司，搭配手頭上最棒的紅酒，替這場美食大秀畫下完美句點。

在圍城期間，修隆持續供應這款奇異的套餐，但 1871 年 1 月 28 日圍城結束時，巴黎人縱情狂吃的時光也告一段落。法國的第三共和國對食物採取比較平等主義的觀點，導致許多主廚與貴族紛紛離去，許多人前往英國跟美國，把廚藝相關知識與技術帶了過去，激發廚藝革命。

淺粉紅色的番茄泥版法式伯那西醬汁，背後還有與眾不同的故事，也在一個又一個廚師之間流傳。修隆廚師後來的際遇少有人知，芳鄰餐廳最終關門大吉，只剩下悲慘時期的可怕記憶與難以置信的詭異菜單，還有一種適合搭配肉類和魚類的淺粉紅色醬汁——值得欣慰的是這個遺產還不賴。

修隆醬汁
適合搭配牛排或質地結實的魚肉

材料（4 人份）

- 白酒醋 3 湯匙
- 白酒 3 湯匙
- 黑胡椒粒 10 粒，稍微壓碎
- 珠蔥碎末 2 湯匙
- 龍蒿碎末 1 湯匙
- 番茄泥 1 湯匙
- 蛋黃 3 顆
- 融化奶油 200 公克
- 鹽適量
- 現磨黑胡椒適量
- 西洋芹碎末 1 湯匙

作法

❶ 把白酒醋、白酒、黑胡椒、珠蔥和龍蒿倒進不銹鋼鍋，加熱至沸騰。轉小火慢燉，直到湯汁收到 1 湯匙的量。

❷ 續作法 1 加入番茄泥與 1 湯匙的水，加以攪拌。再倒入蛋黃，在小火上攪拌 3 ～ 4 分鐘，或攪拌至起泡。接著緩慢並穩定的倒入奶油，持續攪拌，直到奶油混合均勻且醬汁變得濃稠。接著，加入鹽與現磨黑胡椒調味，再把醬

汁倒在篩子上過濾殘渣。

❸ 持續加熱作法 2 濾過的醬汁，上桌前淋在牛排或魚排上，最後撒上西洋芹碎末，即可。

美味關鍵 Tips

修隆醬汁可以搭配牛排或質地結實的魚肉，例如鱸魚。已加入珠蔥與番茄泥的醬汁必須先放冷，才能再加入蛋黃，免得蛋黃凝固，此步驟若做錯就得重煮。

© Corbis

▲ 19 世紀的巴黎動物園有許多珍禽異獸。

21 醬汁是料理之魂，
於是你才知道——
白汁燴鱈魚 Cod Mornay

　　白汁燴鱈魚只是簡單的把白醬淋在鱈魚上，搭配味道濃烈的硬質乳酪而已，但出乎意料的是，有**許多廚師宣稱自己是這道料理的發明者**。這道菜展現法國料理 300 年來的演進歷程，了解這道菜的最好方式，就是一併檢視廚界演進的腳步。

法國料理的精髓——醬汁

▲19 世紀的巴黎有許多華美餐廳。

　　醬汁向來是法國料理的精髓。把醬汁淋上乾硬（通常是醃過）的肉類或魚類，足以讓乏味的食物搖身一變，化為讓饕客身心為之一振的美食。

　　19 世紀，法國名廚馬利安東尼・卡瑞蒙首度把醬汁分為四大類——伊斯帕諾醬汁（espagnole，又名褐醬）、淺肉汁醬（velouté）、貝夏媚醬（béchamel，又名白醬）、阿勒曼德醬（allemande，將淺肉汁醬加蛋變濃稠，再加入檸檬汁）。不過

我們還得往前檢視是誰先發明貝夏媚醬。

根據傳說，17 世紀某個時刻，路易・德・貝夏媚（Louis de Béchamel）侯爵正盯著煮得過熟的鱈魚。**貝夏媚是路易十四的總管**，也是美食愛好者，他邊看邊想，帶著肉

▲ 擁有 200 年歷史的巴黎大維富餐廳。

味的醬汁也許並不怎麼適合這些鱈魚，因此他以溫牛奶代替肉塊，還加入丁香與胡椒。你以為故事到此結束嗎？不對：史料指出，當時許多地方都出現大同小異的白醬。

一般認為，其中一種白醬是由治理法國中部索米爾鎮（Saumur）的菲利浦・莫尼（Philippe de Mornay）公爵所發明，他對料理界的發展貢獻良多，不僅發明出跟他同名的莫尼醬，還發明了獵人醬（Sauce Chasseur）、洋蔥醬（Sauce Lyonnaise）和波特醬（Sauce Porto）。雖然這兩位富有的美食家都擁有很大間的廚房，供他們把突發的奇想化為實際發明，但其實並無確切證據指出他們是這些醬汁的發明者。

擺脫重口味，運用新食材

貝夏媚醬最早的文字紀錄，出現在《法蘭索瓦料理書》（*Le Cuisinier François*）。這本是關於法國料理的第一部巨作，作者是勃根地的廚師法蘭索瓦・皮耶・德・拉法倫（François Pierre de La

▲ 1840 年代，位於巴黎的義大利大道（Boulevard des Italiens，19 世紀巴黎精英聚集的場所，當時許多巴黎咖啡館座落於此）──市民必訪之地。

Varenne），出版於 1651 年。

拉法倫替於克塞萊（Uxelles）侯爵掌廚多年，還以侯爵的名字替他發明的蘑菇泥命名。他讓法國料理擺脫中世紀的濃重口味，開始運用新鮮香草跟魚肉，也嘗試起不同種類的蔬菜。他是第一個提倡不同蔬菜應分開烹煮的廚師，例如他建議蘆筍稍微煮過再搭配少量奶油即可。他還提倡酷炫的新食材，像是碗豆、胡瓜、花椰菜和朝鮮薊。

拉法倫的作品如同當頭棒喝，讓料理界煥然一新，他還提出許多今日已稀鬆平常的觀點、術語與技巧：蛋清、法國香草束，甚至一種早期的荷蘭醬。最重要的是，他讓料理界採取嶄新作法，開始以奶油與麵粉製作更清淡的醬汁。《法蘭索瓦料理書》在國際上大獲成功，成為第一本翻譯為英文的法國料理書籍。

儘管沒有直接證據，但我們完全可以相信拉法倫在調製數種基本白醬時，心頭仍記得貝夏媚口中的那種醬汁。《法蘭索瓦料理書》蒐羅數千道食譜，替貝夏媚記上一筆只是小事一樁。他想不到的是 200 年後，卡瑞蒙會認為貝夏媚醬汁是法式料理的「基礎」之一，藉由這種醬汁把法國菜推向嶄新的高境。

莫尼醬：父親藉此讓兒子永垂不朽

　　那麼莫尼醬是怎麼發明出來的？為了找出答案，我們必須回到 19 世紀晚期醉人的巴黎。當時巴黎人喜歡上豪華餐廳，例如大維富（Le Grand Véfour，巴黎米其林三星餐廳，至今仍有營業，位於薄酒萊街〔Rue de Beaujolais〕上）和位於皇家路（Rue Royale）與瑪德蓮廣場（Place de Madeleine）轉角的杜德蘭餐廳（Restaurant Durand）。杜德蘭餐廳的主廚是約瑟夫・瓦隆（Joseph Voiron），他的醬汁採取清爽的現代風格。

▲巴黎的咖啡館空間寬敞，美輪美奐。里奇咖啡館（Café Riche）是 1900 年最上等且最著名的咖啡館之一。

　　就是他把乾酪加進貝夏媚醬，衍生製作出莫尼醬，如今這已是大家採用的標準作法。他想必看到乳酪如何融入醬汁，使味道豐富濃郁，獨特迷人，與扎實的白肉魚可謂天作之合。根據《拉魯斯料理全書》指出，這種醬汁的名字其實跟法國中部索米爾鎮的治理者毫無關聯，而是紀念約瑟夫的大兒子兼副廚──莫尼。

　　莫尼醬歷經數位絕世名廚之手，最後由一位父親藉此讓兒子永垂不朽，也讓莫尼醬臻至顛峰。一個在法國料理初始便存在的食譜能有這種結局，絕對是最佳結果。

▲19 世紀的巴黎，眾餐廳擁有世上最好的廚房。

白汁燴鱈魚
醬汁越濃稠越好，把魚皮煎得酥脆

材料（4人份）

- 去皮冰島鱈魚 450 公克
- 月桂葉 2 片、牛奶 150 毫升
- 馬鈴薯 350 公克，事先煮好
- 現榨檸檬汁 1/2 茶匙
- 西洋芹碎末 1 湯匙
- 蝦夷蔥碎末 1 湯匙、現磨黑胡椒
- 雞蛋 1 顆，事先攪拌
- 麵粉少許、白麵包粉 100 公克
- 植物油，用來淺層油炸

作法

❶ 取一平底鍋，放入鱈魚、月桂葉、牛奶與 150 毫升的水，蓋上鍋蓋，慢慢加熱至沸騰。接著，把火轉至最小，煮 3 ~ 4 分鐘。移至一旁冷卻 10 分鐘，請勿掀開鍋蓋。接著使用溝槽匙或煎魚鍋鏟取出魚肉，再撒上少量胡椒，備用。

❷ 把馬鈴薯放進馬鈴薯擠壓器中，壓出鬆軟的馬鈴薯泥，再放進鍋中並加入檸檬汁、西洋芹和蔥調味，記得試吃味道是否合意。再把作法 1 的鱈魚放進馬鈴薯泥中，若太乾則外加 1 茶匙牛奶。用雙手混合薯泥和鱈魚，盡量不要弄碎魚肉，然後靜置冷卻。

❸ 把麵粉與麵包粉倒在盤子上，放入作法 2 的魚肉，讓每塊厚約 2 ~ 3 公分。接著，浸入蛋液，再放回麵包粉中，確保每一片都有沾到。置於盤子上，放進冰箱至少 30 分鐘。

❹ 取一淺底炸鍋，倒入植物油加熱。試著將一小塊麵包粉放進油中，若在 30 秒鐘變為褐色，表示已達到合適的油溫。接著，把作法 3 的魚片放進鍋中，油炸兩面至麵包粉變褐變脆。

❺ 把作法 4 炸過的鱈魚分別放在 4 個盤子上，再淋上莫尼醬汁，並以西洋菜和檸檬片裝飾即可。

美味關鍵 Tips

儘管拿莫尼醬汁搭配簡單烤過的鱈魚，醬汁越濃稠越好，如果你喜歡的話，可以把魚皮煎炸得酥脆。正統的莫尼醬會加入格呂耶爾起司，至於切達起司則稍嫌味道太強。

莫尼醬汁

材料：奶油 30 公克、中筋麵粉 30 公克、牛奶 500 毫升、豆蔻少量、鹽適量、現磨
白胡椒適量、蛋黃 3 顆、鮮奶油 50 毫升、格呂耶爾起司 100 公克

作法：

1. 取一厚底煎鍋，放入奶油，以低溫加熱至奶油融化，再加入麵粉，攪拌 2～3 分
   鐘。接著，慢慢倒入牛奶，持續攪拌，加熱至沸騰，然後以小火慢煮並不停攪拌
   約 10 分鐘。再加入豆蔻、鹽與白胡椒調味。

2. 另取一碗，倒入蛋黃與鮮奶油拌勻，再倒入作法 1 鍋中，讓醬汁冒泡 1 分鐘，過
   程中不斷攪拌。然後關火，加入起司，攪拌至起司融化為止，即為莫尼醬汁。

22 特殊的夜晚、期待好事發生，就吃……——
法式焗龍蝦 Lobster Thermidor

法式焗龍蝦是一道絕頂料理，不只呈現最奢華的食材，還加進味道最濃重的元素，包括起司、奶油、雞蛋與酒精。

© Corbis

▲ 羅伯斯比爾堪稱法國大革命的幕後策劃者。

這道菜可以簡簡單單的擺在雪白的盤子上，也可以把龍蝦肉裝回殼裡，變成色香味俱全的奢華饗宴。端上桌之際，微熱的鮮紅龍蝦殼營造出豔夏海灘的氛圍——你會宛若置身天堂！除此之外，這道佳餚還有一個最酷的名字：瑟米多（Thermidor）。

把革命和龍蝦一起寫進劇本裡

根據歷史學家的研究，原本法國的月分帶有無聊的涵義，例如羅馬神祇、皇帝或數字，但**法國大革命廢除這些涵義，改以氣候替月分命名**。「瑟米多」是指夏天的炎熱，後來以法國大革命尾聲的一場暴

動聞名。這場暴動發生於 1794 年 7 月 27 日，史稱瑟米多革命，法國大革命時期政治家羅伯斯比爾（Maximilien François Marie Isidore de Robespierre）因此退位下臺，遭到逮捕及判罪，隔天就人頭落地。

這種時刻社會評論家通常會大書特書，但由於太多人慘遭斬首，他們難以安心的縱情評論。將近一百年後，法國知名劇作家維克多揚‧薩多（Victorien Sardou）才把這場革命寫進劇本。他的劇作《瑟米多》描述一位年輕演員潛入勢力龐大的公共安全委員會，燒毀委員會裡的文件，以拯救可能出現的受害者。

薩多原本就頗負盛名，每部新作都飽受期待。自從民眾得知《瑟米多》會在 1894 年 1 月 24 日於巴黎法蘭西劇院開演，薩多熱潮便席捲巴黎，評論家說這齣戲的上演是本季的藝文盛事。位於法蘭西劇院附近的聖丹尼斯路，路上的餐廳紛紛摩拳擦掌，準備吸引看戲的觀眾，而在所有餐廳當中，瑪麗之家餐廳（Chez Marie）最引人注目，

© Corbis

▲ 許多人在血腥革命期間遭到砍頭，羅伯斯比爾自己也在 1794 年人頭落地。

他們推出的特餐只用簡短幾個字來介紹：「瑟米多龍蝦就在今夜！」

朗賀費的招牌菜

幾乎可以確定的是，瑪麗之家餐廳的這道料理脫胎自名廚查爾斯‧朗賀費招牌菜。朗賀費是紐約迪摩尼可餐廳的主廚，他以奶油、辣椒粉與馬德拉白酒做成醬料，靠雞蛋增添濃厚口感，再統統覆蓋在龍蝦上。

這道菜本以美國船長班恩‧溫伯格（Ben Wenberg）來命名，據說溫伯格從古巴返回美國之後，把這道料理介紹給了迪摩尼可餐廳，不過後來他們兩人為了料理名稱起爭執，朗賀費便把這道料理從菜單裡刪掉，但是很多客人紛紛詢問，他只好重新供應，卻換掉菜名裡的字母。

新伯格龍蝦（Newberg Lobster）從此誕生，名氣傳播開來。也許在主廚朗賀費創出新的招牌菜之前，瑪麗之家餐廳便已推出這道料理。瑪麗之家餐廳的廚師帶有法國人的傲氣，所以為了讓他們的料理有別於美國的版本，決定**以芥末取代辣椒粉**，以康乃克白蘭地取代馬德拉白酒。

© Corbis

薩多的劇作與瑪麗之家餐廳的龍蝦料理一起問世。如今哪一樣較受歡迎已顯而易見，不用勞煩《紐約時報》的社論來分析。由於觀眾不滿《瑟米多》裡的反政府情節，氣得火冒三丈，開演隔夜差點釀成暴動，結果當局立刻禁

◀只要有人提起羅伯斯比爾這個名字，許多法國人便會脖子打顫。

止這齣戲在任何政府資助的劇院上演。

1896 年，這齣戲捲土重來，卻反應不佳，從此永遠被打入冷宮。相較之下，瑪麗之家餐廳的龍蝦料理甫推出便造成轟動。

© Mary Evans Picture Library

▲ 劇作家維克多揚・薩多從法國大革命擷取靈感，寫出劇作《瑟米多》。

戲落幕，佳餚卻永流傳

這道料理雖然用上最奢華的食材，烹調手法卻堪稱簡單。所有巴黎的廚師都學會這道精采料理，還把作法帶到世界各地。當時法國正值美好年代，許多旅客到法國品嚐美酒佳餚，回國之後便**想重溫法式美味。沒過多久，如果有人想在美國品嚐龍蝦放縱一下，首選便是法式焗龍蝦。**茱莉亞・柴爾德在 1960 年代出版她的食譜之後，這道料理更風行各地。

1959 年的古巴革命之前，法式焗龍蝦成為古巴首都哈瓦那（Havana）佛里蒂達酒吧（Floridita club）的招牌料理，當時古巴淪為富豪的樂園，而革命之後，留下的只剩他們對法式佳餚的愛好，這件事是「歷史時常重演」的絕佳例證。

屬害的是，這道菜至今仍歷久不衰。只要在菜單上**看到法式焗龍蝦，就會明白這是一個特殊夜晚，美食盛宴之夜，任何好事都可能發生。**這道菜能喚回羅伯斯比爾與其他革命分子所處的那個動盪時代——你別因此昏頭就好！

© Mary Evans Picture Library

法式焗龍蝦
美觀是重點，
盡量讓龍蝦肉保持完整

▲ 薩多寫出許多好作品，但《瑟米多》寫得並不出色。

材料（2 人份）

- 整尾熟龍蝦 750 公克
- 格呂耶爾起司碎屑 20 公克
- 鹽適量、現磨黑胡椒適量

醬汁

- 奶油 30 公克、白蘭地 30 毫升
- 珠蔥 1 顆，切成碎末
- 新鮮魚肉 250 公克
- 白酒 55 毫升、鮮奶油 100 毫升
- 芥末醬 1 湯匙
- 現榨檸檬汁 1/2 顆
- 西洋芹碎末 2 湯匙

作法

❶ 先將龍蝦對半切開，把蝦肉從頭到尾取出來並置於一旁，盡量讓蝦肉保持完整。接著，切掉龍蝦殼上的黑色部位——雖然這部位食用不危險，但不好看。取出雙螯裡的龍蝦肉，速度放慢，盡量讓龍蝦肉完整無缺。美觀是這道菜的第一重點。

> 忍不住欣賞，細細呵護……
> 然後吃光光

❷ 取一小鍋，把奶油融化至冒泡後，加入珠蔥碎末，以小火煮至珠蔥變得透明。接著，倒入白蘭地，把酒精完全煮掉（小心你的眉毛），放入魚肉、白酒和鮮奶油，加熱至沸騰，再以小火煮至醬汁收為一半並變得濃稠。最後，加入芥末醬、檸檬汁和西洋芹碎末，即為醬汁。

❸ 把作法 1 的龍蝦肉放回殼內，淋上作法 2 的醬汁，加上起司並撒上鹽和黑胡椒調味，接著放上已高溫預熱好的烤架直到外觀變為棕黃色。

❹ 將作法 3 烤好的龍蝦放進大盤子，可以搭配薯條，也可以簡單淋上橄欖油或檸檬汁，即可。

美味關鍵 Tips

這是最經典的海鮮料理，味道濃厚大器，能營造豪華盛宴之感。如果買不到格呂耶爾起司，選用味道強烈的切達起司也一樣合適。

23 純英國料理不好吃？
那是你沒吃過——
鬆煎鱈魚蛋
Omelette Arnold Bennett

▲寫作中的英國作家阿諾德‧貝內特。

© Mary Evans Picture Library

　　有些食材搭配起來可謂天作之合，例如草莓與奶油、羊肉與薄荷，甚至是豬肉與蘋果：這些搭配法就是能引出最佳風味。食品科學家或許能解釋個中原因，但一般人只須知道這些食材非常相配即可。

　　燻魚和雞蛋也是一對好搭檔，當香濃蛋黃流過扎實魚肉，就交織為上好美食。這個絕妙組合常作為豐盛早餐上桌，但任何美味早餐都可以在其他時間享用，更能盡得其妙，因為**一道料理若想躍居經典名菜，就不該局限於特定用餐時間。**

烘蛋料理，從波斯傳遍歐洲

鬆煎鱈魚蛋是**最典型的英國料理**。這道料理的故事結合了一家倫敦高級旅館與一位極受尊崇的英國多產作家。然而，在談到英國作家阿諾德・貝內特（Arnold Bennett）之前，我想先簡單講一下煎蛋卷的歷史。雖然人們現在把煎蛋卷當作法國料理，但這道料理應該誕生於再東邊一些的地方，烘蛋料理在那裡的文字記載可追溯至中世紀，甚至 2,500 年前的古波斯人就會做類似料理。

貿易興盛之後，煎蛋卷同時傳到義大利、西班牙與法國，在法國首次出名的時間約在 16 世紀。18 世紀末期，拿破崙的軍隊橫掃法國南部時，來到土魯斯外頭的**貝西埃爾小鎮**，在那裡品嚐到一位旅館老闆做的大煎蛋卷。他們吃得心滿意足，後來在不同小鎮也會重溫這道料理。時至今日，貝西埃爾小鎮仍每年舉辦煎蛋卷節來紀念拿破崙。

英國小說家一吃就上癮

現在鏡頭往後推約 130 年，來到 900 公里外的倫敦。當時倫敦仍未走出第一次世界大戰的陰影，又遇上經濟大蕭條，薩伏伊飯店的名廚奧古斯特・艾斯科菲耶（他創出本書裡的許多料理）已遭世人遺忘，雖然政商名流仍會來飯店裡的餐廳用餐，這些餐廳卻已失色許多。從開幕以來，旅館的投資者們第一次想開發新顧客，因此尋求創新的主意。當他們得知阿諾德・貝內特的新作《皇宮》（*The Imperial Palace*）以薩伏伊飯店為範本，便決定請他在寫作期間住在飯店裡。

作家貝內特的前一本小說《巴比倫大飯店》（*The Grand Babylon Hotel*）也以薩伏伊飯店為藍本，但這次他想仔細描繪這家飯店，並把侍者們寫成逼真生動的角色。薩伏伊飯店決定把握這個機會，給他

賓至如歸的待遇，讓他可以天天待在飯店裡用餐，仔細觀察飯店人員的工作情形。

1930 年的某天早上，貝內特感覺肚子特別餓，就要求廚房在煎蛋卷中加進更多食材。鬆煎鱈魚蛋就在這天誕生了。貝內特吃得津津有味，在他待在旅館裡的 3 個月期間，甚至離開之後，他都時常會點這道菜。

創造出這道料理的是法國廚師尚・巴帝斯特・維洛熱（Jean Baptiste Virlogeux），後來他在多切斯餐廳（Dorchester）做出更多美味佳餚。二戰期間，餐廳的食材必須經由配給，但他仍讓餐廳保持在高水準，因此開始聲名遠播。在貝內特的小說《皇宮》中，那位名叫洛可的廚師就是以維洛熱為藍本，貝內特形容他是「和藹穩重的紳士」，留著「長得出奇的棕黃光滑小鬍子」。

《皇宮》的風格與情節較為沉重，並未如眾人預料般造成轟動，但書裡對豪華飯店的細緻描寫仍受到推崇。如今貝內特的小說比較乏人問津，在某些方面甚至顯得過時，反倒是以他為名的鬆煎鱈魚蛋仍歷久不衰——但我認為兩者的相異命運源自同一原因。

© Mary Evans Picture Library

◀阿諾德・貝內特的其中一部短篇故事集的封面《五城暗笑》，而《皇宮》是晚年的作品，與早期作品風格迥異。

© Mary Evans Picture Library

▲奧古斯特‧艾斯科菲耶把薩伏伊飯店經營為美食勝地。

　　這道料理雖顯得老派過時，卻喚起人們對過往時光的記憶。如今沒人準確知道這種煎蛋卷何時冠上貝內特之名，但藉由眾人的口耳相傳，這道菜沒過多久就征服大西洋兩岸。薩伏伊飯店至今仍天天供應鬆煎鱈魚蛋。雖然作法有些繁瑣，但只要料理過程沒有出錯，這道菜會是絕佳的魚肉料理。

鬆煎鱈魚蛋
咖啡廳的經典菜餚，飽足感十足

材料（4 人份）

- 牛奶 600 毫升、丁香 2 粒
- 月桂葉 2 片、西洋芹莖梗適量
- 洋蔥絲 1 顆
- 煙燻黑線鱈（heddock）400 公克
- 全蛋 8 顆
- 蛋黃 4 顆
- 奶油 75 公克、中筋麵粉 25 公克
- 帕馬森起司碎屑 50 公克
- 西洋芹碎末 4 湯匙

作法

1. 取一小鍋，放進牛奶、丁香、月桂葉、西洋芹莖梗、洋蔥絲，加熱煮至沸騰後關火，靜置 25 分鐘，即為牛奶醬汁。

2. 以小火燉煮牛奶醬汁，並小心的放進煙燻黑線鱈，再把鍋子移開爐火，讓牛奶的餘溫把鱈魚煮熟後，取出液體以外的食材。

3. 作法 2 的牛奶醬汁則繼續加熱。

4. 另取一鍋，放進 1/3 的奶油加熱至融化，再加進麵粉煮數分鐘，讓麵粉變糊並釋出澱粉，這樣醬汁才會滑順。接著，慢慢倒入作法 3 的溫熱牛奶醬汁，迅速攪拌。低溫烹煮 5 分鐘，讓醬汁變得濃稠滑順。移開爐火，靜置一旁。再把 4 顆蛋黃倒入醬汁裡加以攪拌。

5. 取一平底鍋，把剩下的奶油分為 1～4 份，就看你喜歡一大蛋卷或數個小蛋卷。把 8 顆蛋打進碗裡打散，接著在平底鍋中倒入蛋液與奶油，把底部煎熟但上面仍呈液狀。放入作法 2 的鱈魚和其他食材，撒上帕馬森起司碎屑。再倒入作法 4 的牛奶蛋液加熱，把蛋煎熟至表面發亮。

6. 把 4 個小蛋卷或切成 4 份的大蛋卷盛盤端上桌，再撒上西洋芹碎末即可。

美味關鍵 Tips

一輩子至少都要做一次這道料理。鬆煎鱈魚蛋是咖啡廳的經典菜餚，在品嚐之際，你會不禁感覺自己置身於豪華飯店。小心囉——這道菜吃完會很撐，所以要預留時間午睡片刻。

24 二戰的巧婦難為，變今日的養生餐——
伍爾頓派 Woolton Pie

伍爾頓派～伍爾頓派～無論你唸多少遍，事實上並不能喚起大多數人美好的回憶。基本上，它從以前至今，一直是一道樸實又極具英國風味的綜合蔬菜派。它像許多 20 世紀勝仗背後的無名英雄，因此值得發揚慶祝。

歐洲在 1939 年時第二度陷入戰場，距前次大戰才 21 年，許多英國製食物立刻轉運給英軍。那時進口食物也更顯艱困，導致整個英國店家缺貨情形更趨嚴重。但別忘了，「需要」為發明之母，困境正好促使有創意者發揮其才華。

© Mary Evans Picture Library

▲二次大戰時，自耕農女子在農地餵一隻快樂的豬吃東西。

節縮計畫，提倡「為戰勝而種植」運動

英政府為了在急需的環境下，確保所有人民有足夠的食物，因此創設糧食部（Ministry of Food），此部會經平穩且公平的配給系統運作下展現其功能。在 1940 年前是由伍爾頓（之後大家以此稱呼他）的第一伯爵法德瑞克·馬爾克斯（Frederick Marquis）掌管該部。他之前曾領導位於利物浦的路易士百貨公司，頗能洞悉市場的需要。

在配給下，每位平民每星期只可配得 1 顆蛋、50 公克的奶油、100 公克的肉及培根和 50 公克的起司。除此之外，糖、茶、牛奶也有一定配額。伍爾頓必須用些巧計宣傳此節縮計畫，才能讓大家樂意接受。

當時蔬菜供應不乏，因為全英國早已提倡「為戰勝而種植」運動。每一塊可用的地，不論是公園、網球場，就連英國鐵塔的壕溝都用來種菜。糧食部部長是如何讓大家熱心參與的呢？

說服全民的祕密武器：為勝戰而挖

伍爾頓手中有兩道祕密武器，第一，他聘請國家級頂尖音樂廳明星愛爾絲·華特斯及桃瑞絲·華特斯（Elsie & Doris Waters）兩位女士，以演唱方式凸顯馬鈴薯和紅蘿蔔的優點。經過新聞影片和收音機的播放，以下的歌曲為當時人民帶來娛樂效果：

以歡笑面對你的背痛
繼續挖土
直到我們的敵人無法招架
挖！挖！挖！直到勝利！

© Mary Evans Picture Library

▲ 愛爾絲‧華特斯及桃瑞絲‧華特斯的一曲〈為勝戰而挖〉，鼓舞全英國人的士氣。

戰時偉大的盟友馬鈴薯及紅蘿蔔兩大熱門食物常以押韻方式呈現。紅蘿蔔博士總背著維他命 A 的袋子，而馬鈴薯彼特溫和的提醒大家它的平價——不用昂貴的船運，它就來到雜貨店任我們選購。當時甜品特別缺乏，所以伍爾頓竟想出方法說服小孩紅蘿蔔是很好的取代。任何人若能讓小孩吃一棒紅蘿蔔代替冰淇淋，應得到所有的嘉獎！

另一祕密武器則是，對烹調很有創意的薩伏伊飯店總廚法蘭西斯‧拉崔（Francis Latry）。在英國經濟學家及其他大廚就供應充足的現有材料，幫忙設計和品嚐下，拉崔推出美味、健康又容易煮的新菜。

畢竟拉崔曾服務過王宮貴族及巨星，難怪他能為這些新設計的菜單添加專業的味道。他將一片片的馬鈴薯、白菜花、瑞典蘿蔔、青蔥，加上燕麥和蔬菜精放在少許水中煮熟，然後再鋪上小麥做的麵餅或切片的馬鈴薯，這道簡單基本的菜就完成了。但接下來的工作在於如何推銷它。

當年是配給物，今日變養生餐

伍爾頓非常積極的推廣這道菜，無論在何處，總是點上一份與

他名字有關的伍爾頓派。那時出現一些廉價公共食堂就叫英國餐廳，除了供應富有蛋白質的食物外，全都有伍爾頓派。人民常常從收音機裡聽到伍爾頓分享伍爾頓派的喜悅，隨處可見的海報也建議大家多吃蔬菜。

▲為了使蔬菜更具吸引力，想出各樣新鮮的方法，包括把紅蘿蔔插在木棒上以方便食用。

漸漸的伍爾頓說服大家相信**伍爾頓派是一健康食物**。配給制度一直到 1954 年也是二次大戰結束後九年才停止。所以當大家很快的遠離伍爾頓派和其他戰時推廣的菜時，一點也不用驚訝（吃膩了）。

至今，這些菜僅為見證歷史留下的食譜，但不能因此而忽略它們在戰時發揮的功用。**現在我們因為養生而不得不吃水果和蔬菜，伍爾頓以他的才能，生動的成功推廣紅蘿蔔和馬鈴薯。**儘管當時食物供給有限制，但有一點可確定的是，70 年前的飲食比現在要健康。

▲二次大戰時，掌管英國糧食生產及其分配的糧食部部長──伍爾頓伯爵。

伍爾頓派
加上豌豆或鋪上一層菠菜，可增添色彩

🥦 材料（4～6人份）

- 馬鈴薯 900 公克
- 紅蘿蔔 450 公克
- 防風草（parsnips）225 公克
- 白菜花 450 公克
- 瑞典蘿蔔 225 公克
- 蔬菜濃縮湯塊 1 小塊
- 燕麥 1 湯匙、新鮮碎香菜少許
- 百里香（thyme leaves）3 枝
- 奶油 30 公克、法式芥末 2 湯匙
- 英式芥末 1 湯匙
- 青蔥 3～4 根，切碎
- 起司 50 公克，磨碎

🍳 作法

❶ 將 1/2 的馬鈴薯、紅蘿蔔、防風草、白菜花、瑞典蘿蔔切成相同大小的片狀後，放入一大鍋中，加水煮開（水須蓋過蔬菜）。再加入燕麥和蔬菜濃縮湯塊續煮約 10 分鐘到所有的蔬菜變軟。冷卻後，將所有蔬菜撈出放入盛派的盤子，撒上香菜和百里香。

❷ 把剩下的馬鈴薯煮軟搗成泥，加入奶油、芥末和青蔥後，均勻的抹在作法 1 的蔬菜上。再撒上碎起司後，放入 190℃的烤箱，烤至最表面呈金黃色，內餡冒泡為止。取出後，可另配上洋蔥濃肉汁或番茄醬更增添其味。

> 肉，給我肉⋯⋯

◀愛爾絲・華特斯及桃瑞絲・華特斯，是二次大戰時風靡英國的風雲女郎。

美味關鍵 Tips

這是一道極富戰時歷史背景的菜，也是英國人在歐洲戰場為打勝仗所付出龐大心血的一部分。但別忘了這派當初是為了填飽肚子而設計的，所以它的分量很大。你可加些口感較軟的蔬菜在最上層麵皮之下，例如豌豆或鋪上一層菠菜，可增添色彩。我喜歡在最上層多放點馬鈴薯泥來取代麵皮。不過，你還是可以用麵皮，奶油做的外殼或做泡芙的麵餅也行。

25 想寵愛這個女人，
你就點一道——
安娜馬鈴薯派 Pommes Anna

如果在全球美食界只能選一樣主要的食材，那再平凡不過的馬鈴薯極有可能被選上。大部分的蔬菜，光是能炸成薄片上桌就已經是很不一樣的變化了，而馬鈴薯的作法還多著了，它還可做成洋芋泥、用來烤或煮，各種方法均能滿足大家的胃。

© Corbis

馬鈴薯會產生像黏膠般的稠液，這美食界的天然膠可創造出油滑且香脆的馬鈴薯餅，而安娜馬鈴薯派嚐起來就像一塊多汁的肉片。

▲19 世紀末期，安娜・德斯理昂斯活躍於法國社交圈，她的來歷很少人知道。

設計靈感：巴黎妓女的頭髮和服飾

1886 年，安娜馬鈴薯派的故事，伴隨著美食界常有的訣竅

與偶然，發生在位於巴黎義大利大道的高級餐廳安格拉斯（Café Anglais）。拜主廚阿道爾夫・杜格利爾（Adolphe Dugléré）之賜，安格拉斯餐廳成為當時最頂尖的餐廳。阿道爾夫・杜格利爾師承世界上數一數二的大廚馬利安東尼・卡瑞蒙。本書其他料理同時也記載了他的許多經典之作。

杜格利爾以要求嚴謹聞名。某次，他拒收一大批蔬菜，只因為他認為品質未達水準。他也痛恨人們在他的餐廳裡抽菸，並規定晚餐後才能享用雪茄，侍者此時才能為顧客點上火。

這位主廚創立了許多招牌菜，其中一道杜格利爾式鰨魚（一種比目魚），是將整片魚搭配番茄和洋蔥末，再帶點白酒的奶油煮熟，最後放些新鮮香菜裝飾，即算大功告成。他和很多頂尖的大廚一樣，會以貴賓或王室顧客的名字為菜色命名。

經常光顧安格拉斯餐廳的都是有權有勢的人，他們身邊通常會有巴黎的高級妓女陪同用餐。這些貴族專用的妓女被視為大排場上不可或缺的伴侶。

其中一位名叫安娜・德斯理昂斯（Anna Deslions）的女演員，常常陪伴一位有錢的大佬光顧餐廳，並處心積慮的想要釣到這個大款，以便從此可以過著奢華的生活。

是什麼原因讓杜格利爾為這樣的女人，做出一道特別的馬鈴薯料理，早已沒人記得了，對與她分享此道菜的大款，也無人知悉。也許**這道菜設計的靈感，是來自她那蓬鬆散亂的頭髮，或是她那身設計剪裁別緻的服飾，**沒有人確切知曉。由於安娜・德斯理昂斯當時非常活躍於巴黎社交圈，因此以她命名的菜色，立刻大受歡迎。

安娜馬鈴薯派**最適合搭配慢火烤的肉一起享用。沾滿奶油的一片

片圓形馬鈴薯，排列起來美的就像一幅圖畫，不久便出現在每家巴黎高級餐館的菜單上。

「最後的烹飪大師」的頂級晚宴

像本書其他法國式的料理，經由美國烹飪名師茉莉亞‧柴爾德的大力推薦，使安娜馬鈴薯派的作法傳到美國後，成為 1960 年代晚宴派對中的必備佳餚。茉莉亞‧柴爾德忠於原食譜，放了較多的奶油。而很多忠實的支持者也堅持奶油的用量。但大家可以試試看我少放奶油的健康作法，應該還是能完成一道可口的安娜馬鈴薯派。

除了馬鈴薯及鰨魚等招牌菜之外，大家也還記得杜格利爾曾經調理出法國美食史上最頂級的晚宴。安格拉斯餐館的常客——普魯士威廉大帝一世，曾要求杜格利爾為他宴請的三位帝王，準備一場奢華的晚宴。威廉大帝一世與他邀請的賓客（俄國沙皇亞歷山大二世及其皇子、俾斯麥王子奧圖），共同品嚐多達 16 道菜色的盛餐。

至今，當晚的菜單及飲宴服務的程序，皆仍在巴黎最有歷史的餐館「銀色之塔」中陳列。杜格利爾是個神祕的人物，他的私人信件及物品目前雖然永久陳列於巴黎國家圖書館中，但從這些陳列物品中，人們卻仍無法得知有關他的烹飪訣竅。

他的食譜雖然從未被推廣過，但依然受到人們的敬重。法國文豪大仲馬編撰烹飪大詞典時，曾經常向杜格利爾請益。當杜格利爾在 1884 年逝世時，他獲得了法國媒體的一致讚揚，並被尊稱為「**最後的烹飪大師**」。

法國人對這位烹飪天才極為敬重。直到今日，人們仍可買到專做

安娜馬鈴薯派的平底鍋。這鍋是由諾曼第藝匠以銅磨製的絕美廚具。
你能想像英國鐵匠會花功夫，使用純錫材料，以手工為著名的約克夏
布丁做出盛裝容器嗎？或許有那麼一天，但在那一天到來之前，大家
還是先給自己來上一大盤這完美的安娜馬鈴薯派吧！

© AKG Images

▲ 位於巴黎的義大利大道為 19 世紀中葉巴黎的社交中心。

安娜馬鈴薯派
可直接單吃，也適合搭配牛、羊或魚肉

材料（4～6人）

- 無鹽奶油 75 公克
- 馬鈴薯 750 公克
- 鹽和現磨黑胡椒（視個人口味適量加入）

作法

❶ 馬鈴薯削皮後用水清洗，用廚房紙巾吸乾後，用利刀**切成 0.3 公分厚的薄片**。

❷ 將 1/2 的奶油放入熱鍋中融化後，靜置一旁。

❸ 取一直徑 23 公分的平底鍋，抹上適量的奶油，要塗抹均勻和足夠的奶油，以免馬鈴薯燒焦。再將作法 1 的薯片，從中心往外以畫圓的方式放入鍋中，擺放時，片與片間重疊部分不要太大。接著，放鹽、胡椒並淋上作法 2 已融化的奶油。重複此一程序，緊壓每一層馬鈴薯後，直到所有馬鈴薯和奶油用完。

❹ 將烤箱預熱到 190℃，將不加蓋的馬鈴薯置於烤碟內，放入烤箱中烤 30 分鐘後取出。再用另一烤碟蓋在原烤碟上，再翻轉烤碟，小心的讓馬鈴薯全部從原烤碟倒入另一烤碟中，仍不加蓋，再送入烤箱，將馬鈴薯續烤 20 分鐘後取出，置於室溫中自然冷卻 5 分鐘。

❺ 用刀先劃開作法 4 的馬鈴薯四周，蓋上餐盤，以便將馬鈴薯翻轉倒至盤中。通常可以在桌上現切現吃，如果喜歡，也可以切成三角形。我喜歡搭配油性魚，如沙丁魚或鯖魚一起食用。作法是，取出已烤好的馬鈴薯，將不帶皮骨的全魚，置於其上，然後送入烤箱，繼續燒烤 10 分鐘。為求酥脆感，也可灑點油後，再送進烤箱內燒烤。除魚之外，安娜馬鈴薯派也可搭配牛肉或羊肉一起烤熟後食用。

> 三口之內一定讓她笑得眼睛瞇成一條線

美味關鍵 Tips

香脆可口的安娜馬鈴薯派是我最喜歡的馬鈴薯料理之一，搭配肉或魚皆宜。你若要品嚐它特有的脆勁，別忘了耐心的把一片片的薄馬鈴薯疊放在鍋中。

26 國家規定製程的義大利特產——
瑪格麗特披薩 Pizza Margherita

　　一塊圓形的烤麵包，表面加上番茄醬、起司和各式各樣的配料，竟然能成為風靡全球的知名速食，實在教人難以想像，但就跟其他經典名菜一樣，瑪格麗特披薩的**簡單與多變**正是廣受歡迎的關鍵原因。

連國王都要喬裝成農夫，一嚐美味

　　我們現代人能享用披薩，首先得感謝**古希臘人**，他們對淋上油的扁型麵包情有獨鍾，此外也得感謝**羅馬人**，他們把一層豐盛的起司、蜂蜜和月桂葉加到餅皮上，但**真正的披薩是起源於義大利拿坡里**。現代披薩的發明者是誰不得而知，但在 1820 年左右披薩便十分風行。

　　根據傳說，當時的國王斐迪南一世（Ferdinand I）喜歡喬裝成農夫，在拿坡里街頭漫步，只要看到披薩就買來品嚐。（他得這麼做是因為皇

© Corbis

◀羅巴迪披薩餐廳 1905 年在紐約開幕，是全美國第一家披薩店。

家法庭對披薩頒布禁令，認為皇室成員不適合吃這種食物——那只適合笨蛋吃！）

好吃的祕密：無籽的聖馬利諾番茄

　　最基本的拿坡里披薩是把番茄跟馬蘇里拉起司放在酥脆的餅皮上。如此簡單的料理得加上特別配料才行，而讓拿坡里披薩大受歡迎的祕密就在於其中一種配料——**聖馬利諾番茄**。這種番茄生長於維蘇威火山旁的平原，就在拿坡里市外頭，靠維蘇威火山爆發後留下的特殊豐富養分成長。

© Corbis

▲ 聖馬利諾番茄。

　　第一株聖馬利諾番茄樹苗出現於 1770 年左右，顯然是祕魯國王送的贈禮，在此之前，人們只能吃美味但多籽的義大利當地番茄。沒過多久，所有義大利的番茄料理都會使用香甜柔嫩又**無籽的聖馬利諾番茄**——我還是跟大家明說好了：**大約 90%的義式菜餚都是番茄料理**。

　　19 世紀末期，拿坡里披薩已跟今日的披薩使用相同配料，並迅速席捲全國，無論富豪與窮人都很愛吃。1889 年，拿坡里皇室要招待瑪格麗特女王，就請知名披薩師傅拉菲爾·艾斯波席托（Raffaele Esposito）替她設計一種嶄新的披薩。艾斯波席托準備三款披薩供女王及其他貴賓品嚐：第一款加上豬油、起司與羅勒；第二款加上大蒜、橄欖油與番茄；第三款則**加上馬蘇里拉起司、羅勒與番茄，代表**

義大利國旗的顏色。瑪格麗特女王喜歡最後一款披薩，瑪格麗特披薩就此誕生。

瑪格麗特披薩迅速聲名遠播，成為判斷其他披薩好壞的參考標準。無論是在拿坡里或其他地方，無論是早餐、中餐或晚餐，人們都愛拿起披薩大快朵頤。此外，義大利人也來到正在發展中的美洲。他們帶著祖傳的料理技術，沒多久就發覺可以靠美食賺錢。

紐約披薩好吃原因 —— 富含礦物質的水

紐約和芝加哥是通往全美的跳板，這兩座城市都有五花八門又別具特色的披薩。19 世紀末期，芝加哥的街頭小販以鐵箱裝披薩販售，紐約則在 1905 年出現全美第一家披薩店：羅巴迪披薩餐廳。

許多人認為**紐約的披薩能大獲成功是因為水中富含礦物質**。紐約與外地披薩的味道差異十分顯著，加州的一間餐廳甚至發現要做出道地紐約披薩的唯一方法，在於把曼哈頓的水運至比佛利山，但這作法也許只說明比佛利山一帶顧客的財力是何其雄厚……。

第二次世界大戰期間，披薩在美國隨處可見，但會吃的多半局限於義大利裔移民。1940 年代，軍人紛紛從義大利戰場返

▲ 義大利的瑪格麗特女王，數不清的披薩因為她而誕生。

▶ 19 世紀晚期，許多義大利移民把披薩
　的作法帶到紐約。

© Mary Evans Picture Library

鄉，他們熱愛義
大利料理，而且
下至小兵、上至艾
森豪（Eisenhower）
將軍都高呼說想
吃披薩。也就是在
這時期，芝加哥的
瑞克‧瑞卡多（Ric
Riccardo）和艾克‧席威爾（Ike Sewell）做出厚片披薩，餅皮厚實有
嚼勁，與拿坡里傳統披薩的薄脆口感大相逕庭。

怎麼製作瑪格麗特披薩，法律有規定

與瑪格麗特披薩更有關的一件事發生在 2009 年。歐盟應義大利
的要求，在法定傳統特產保證名單中列入拿坡里披薩，尤其是瑪格麗
特披薩。義大利人眼睜睜看著披薩在全球各地廣受歡迎，演變出不同
配料與風格，他們擔心世人會忘記披薩的起源地為何，因此提出這個
要求。

**如今法律規定，正統的拿坡里瑪格麗特披薩必須採用聖馬利諾番
茄，搭配新鮮的馬蘇里拉起司，還必須當場烘烤，不得為冷凍產品。**
但願每個國家都能這麼有遠見。

瑪格麗特披薩
餅皮口感得扎實、有彈性，
重點在拉開麵糰裡的麩質

材料（1～2人份）

餅皮

- 高筋白麵粉或低筋麵粉 400 公克
- 鹽 1/2 湯匙、乾酵母 1 小包
- 糖 1/2 湯匙、小麥粉 100 公克

配料

- 罐裝聖馬利諾番茄或聖女番茄 450 公克，用篩子篩過以完全去除番茄籽
- 馬蘇里拉起司 40 公克、橄欖油少許、鹽 1 湯匙、帕馬森起司
- 羅勒葉少許、現磨黑胡椒少許

 作法

❶ 把麵粉和鹽撒在板子上，中間撥出一個洞。在碗裡加入酵母粉、糖和 300 公克的溫水，混合均勻，接著靜置一旁，讓它稍微冒泡，再倒入麵粉中。把麵粉緩緩往中間撥，加以混合，麵糰會漸漸凝固且不再黏手。接下來把整塊麵糰揉成球狀。

❷ 開始揉作法 1 的麵糰，用掌心下緣往前推動麵糰，再拿起麵糰翻面，往下用力一砸。有些人會靠一隻手拉長麵糰，另一隻手加以扭轉，過程約需 15 分鐘。最後把麵糰放進抹過油的碗中，覆上保鮮膜，靜置約 30 分鐘。把披薩板或倒置烤盤放進烤箱，調至最大火。**大多數家用烤箱的熱度不夠，但披薩板有助披薩底部烤得酥脆。**

❸ 把番茄倒入鍋中，加入鹽，小火燉煮 1 小時，留意別讓番茄燒焦，若太乾則可酌量加水。

❹ 把作法 2 的麵糰切成 4～5 塊。在桌面撒上小麥粉，然後把麵糰盡量壓平。把壓平的麵糰放在披薩鏟或烤盤上，最後再以手指壓幾下把餅皮弄得更薄。撒上少許的帕馬森起司，再一圈圈倒上作法 3 的番茄醬汁，再均勻鋪上馬蘇里拉起司，撒上羅勒、黑胡椒，淋上橄欖油。

❺ 打開烤箱後，把作法 4 的披薩置於披薩板或倒置烤盤上。烤 5 分鐘後，稍微觀察並轉動披薩好讓受熱均勻。再烤數分鐘，或烤至底部的邊緣變成深褐色，且餡料都已烤好即可切片上桌，搭配冰涼的義大利白酒一起享用。

美味關鍵 Tips

一旦你做出第一張披薩，就會從此著迷。你得讓餅皮口感扎實，而且務必記得在披薩鏟與披薩板撒上少許大麥粉或小麥粉，以免披薩黏住。

27 女神的肚臍，
　旅館老闆意亂情迷──
義式起司餃 Tortellini

為什麼世人對義大利麵為之瘋狂？因為這大概是世界上最容易準備的食物，只要有雞蛋和麵粉就好。麵糰揉好之後，可以做成各式各樣的形狀，就像揉麵的人獨一無二，也許義大利人就是喜歡這一點。

即使在朱塞佩‧加里波底（Giuseppe Garibaldi）將軍統一全義大利之後，千變萬化的義大利麵讓各地民眾仍能保有地方特色，你可以從盤中義大利麵的形狀判斷自己身在何地。

© Scala Archives

▲ 魯克蕾齊亞‧博日亞──她的肚臍是否催生了義式起司餃呢？

根據史料紀載，**最早的義大利麵是外型簡單的千層麵**，出現於 5 世紀，接下來要到 1400 年代才出現細麵與寬麵，再來登場的是更細緻的手工麵條，例如通心粉。

義式起司餃的記載最早也出現在那個時期，雖然其歷史應該久遠許多。發明者幾乎可以確定是義大利的家庭主婦，彼此把作法口耳相傳，畢竟她們多半不太擅長寫字。

內餡通常是義式香腸，也就是在義大利北部摩德納（Modena，一座古城，是總主教駐地，但現以「引擎之都」而著稱，因有許多義大利知名跑車製造商如法拉利、藍寶堅尼等，都將工廠設立於此）和波隆那（Bologna）一帶特有的香辣醃豬肉。波隆那的料理時常把冷掉的剩肉剩菜包進薄薄的麵皮中，緩慢燉煮，展現省吃儉用的作風。**義式起司餃的外型據說是模仿自烏龜，許多 17 世紀的摩德納房屋也是採用這個造型。**

把肚臍之美包進餃子裡

　　義大利人是熱愛人生與好故事的民族。義式起司餃傳統上是由許多人排排站以手工製作，他們得花好幾小時擀麵皮、裝餡料、包成餃子再揉捏幾下，一邊做餃子一邊互相說故事，而以下就是義式起司餃的故事。

　　15 世紀末的某天晚上，聲名狼藉的女貴族魯克蕾齊亞・博日亞（Lucrezia Borgia）從摩德納前往波隆那。她經常與身邊夥伴發展出非法的戀情，甚至是亂倫，還會舉辦常鬧出人命的狂歡宴會，因而享有臭名。

　　有關魯克蕾齊亞的實際文字記載並不多，但一定會提及她勾引男人的魅力。她皮膚白皙，常被描述成擁有一頭熱情紅髮。那天晚上她來到卡斯泰夫蘭科埃米利亞鎮，得找地方住宿。旅館老闆對她神魂顛倒，趁她進房洗澡時，尾隨過去偷窺。鑰匙孔很小，燭光又昏暗，他看不太到什麼東西，但就在她走進浴室的那一刻，他匆匆瞥見她雪白的腹部與肚臍。

　　15 世紀的義大利鄉下男子多半性好漁色，跟現代義大利男人如

© Bridgeman Art Library

◀魯克蕾齊亞‧博日亞
對男人極富魅力。

出一轍。旅館主人春心蕩漾之際，奔回廚房精心烹煮義大利麵，希望
能捕捉魯克蕾齊亞的肚臍之美。

　　沒人知道接下來故事如何發展。他有把義大利麵端給魯克蕾齊亞
嗎？她有品嚐嗎？我們永遠無從確知，但這仍然是個有梗的好故事。

　　另外一個版本出自義大利詩人亞歷山卓‧塔桑尼（Alessandro
Tassoni）的詩作〈被盜的桶〉，寫於 1600 年前後，詩裡說那是**女神維
納斯的肚臍**，但是整個故事情節十分類似，也有一位意亂情迷的旅館
老闆。

　　實際情形大概不會這麼曲折離奇，但別忘了摩德納也是男性氣概
的象徵「法拉利」的總部所在地。不管是義大利麵或汽車製造，這個
鎮都不會喜歡什麼無趣的真相。

餃子新手，絕對手拙

　　義式料理時常與慶典有關。幾乎每一種食材都有節慶，像是蘑菇、巧克力和胡桃，義式起司餃也不例外，而義式起司餃標準協會負責維護義式起司餃的標準，確保製作時會使用正確的餡料。

　　傳統作法只接受白肉，主要是用醃豬肉，但也能用蟹肉，偶爾則用雞肉，並以煮餃子的醬汁搭配餃子一起上桌，或者改用奶油鼠尾草醬汁。餃子不該太大，但至少要能包進一口波隆那風味。

　　過去義式起司餃得靠手工製作，因此富裕人家才有時間或僕人準備這道料理。20 世紀進入機械化時代，可以大量生產餃子銷往全球，無論義裔移民、歐洲人和美國人都能享用這種肚臍形狀的義式美食。

　　動手製作義式起司餃是一件很有趣的活動，這道菜也很適合與特殊對象共享。不過在你動手之前，不妨記住一句義

▲如果不是魯克蕾齊亞‧博日亞的肚臍，會是誰的？女神維納斯的嗎？

大利古諺：「餃子新手，絕對手拙。」所以不要氣餒，一再試做就對了──你終究會成功的。

義式起司餃
餃子不要包太大，最好一口就能吃盡

材料（4 人份）

- 義大利低筋麵粉 250 公克
- 全蛋 3 顆、蛋黃 1 顆（封口用）
- 奶油 60 公克；珠蔥 1 根，切末
- 布瑞達（Burrata）起司 150 公克，切成小塊
- 里考塔（Ricotta）起司 80 公克
- 蝦夷蔥末 20 公克
- 豆蔻粉 1 公克、鹽與現磨黑胡椒
- 鼠尾草（Sage）30 公克、榛果 40 公克
- 格拉娜帕達諾（Grana Padano）起司 50 公克
- 黑松露 30 公克（依個人喜好加入），磨碎

作法

❶ 把麵粉倒在碗中或合適的平面上，中間撥出一個洞，把所有全蛋打進去。用叉子小心翼翼的把麵粉從四周往中央撥，混合麵粉與蛋液至均勻柔滑為止。把麵糰揉成球狀，直到質地結實且不黏手，再擺在碗下靜置 1 小時。

❷ 取一平底鍋，放進珠蔥和 1/2 的奶油，煎至金黃色，取出。再把布瑞達起司、里考塔起司、蝦夷蔥末、豆蔻粉、鹽和黑胡椒混合均勻，並加進煮過的珠蔥，即為餡料。

> 餃子皮是重點

❸ 將作法 1 的麵糰分成 4 份，先取出 1 份，其餘 3 份得繼續擺在碗下以免變乾。接著，把麵糰壓平為長條狀，約厚 1 公釐，再切成長寬約 6 ～ 7 公分的麵皮。

❹ 在作法 3 的每塊麵皮上放入 1 茶匙作法 2 的餡料，邊緣刷上蛋黃液，再包成長方形的餃子，裡頭絕對不能留有空氣，封口也必須壓緊。重複相同步驟，用光剩下的麵糰。

❺ 取一深鍋，倒水加鹽煮沸，再將作法 4 的餃子下鍋約煮 5 ～ 6 分鐘，再起鍋瀝乾。

❻ 取一炒鍋，倒入剩下的奶油加熱至稍微冒泡，再加入鼠尾草煮至葉片變脆，且奶油略微呈金黃色並散發堅果香氣，注意別燒焦。

❼ 把作法 5 的餃子擺在 4 個盤子上，並放上作法 6 的奶油與鼠尾草葉、撒上榛果（若太大則稍微切碎），再把格拉娜帕達諾起司與松露撒進盤中即可。

美味關鍵

這份食譜出自天才橫溢的義大利廚師法蘭司索・馬萊依（Francesco Mazzei）。他在倫敦的拉尼瑪餐廳（L'Anima）有供應這道料理，簡單又美味。

28 兄弟想起西西里，
我想起媽咪——
諾瑪義大利麵 Pasta alla Norma

有時單單只是想起一個地方，就足以讓人沉醉在那令人興奮的香氣，以及大快朵頤的經歷裡。西西里島就是最佳範例。

西西里島人有著強烈的自豪，人民對家鄉有深刻的歸屬感，而且島上還擁有獨一無二的美食文化。這裡的佳餚質樸或精緻，但是都有著相似的精神——**大膽且暖人心脾的風味**。這樣的特色部分來自於島嶼的身分：一旦越過墨西拿大橋（Messina Bridge，連接西西里和義大利內陸），你將會發現不必翻山越嶺，就能來上一盤世界上最美味的義大利麵。

© AKG Images

▲西西里島是個美麗又難以預測的地方，不時會有地震和火山爆發的情況。

紫茄搭上濃起司，散發地中海的陽光

諾瑪義大利麵並不是由知名餐廳主廚所創造出來的菜餚；反之，**它起源於西西里島人的家常菜**。它並不複雜，組成食材相當簡單，但**一定、一定、一定要有茄子，和你能找到最好的鹽味里考塔起司**。肥美的茄子拌上濃郁的起司味，讓這道佳餚如此的美味。盤中的紫色蔬果充滿活力，飽含賦予生命力的能量，彷彿從盤子中射出一道地中海的陽光，讓你根本無從抗拒。

當然，西西里島人不僅透過美食表達自我，他們也透過寫作和音樂傳遞情感，以上兩者的結合才締造了諾瑪義大利麵的傳奇。

義大利作曲家文琴佐・貝里尼（Vincenzo Bellini），在 1801 年出生於西西里島東邊的卡塔尼亞小鎮，家中是音樂世家。他 6 歲就開始作曲；1831 年，他離開西西里島前往拿坡里求學，而後又到米蘭，在那裡創作出驚世之作《諾瑪》（*Norma*）。

這是一個關於禁忌之戀、殺嬰、心碎、背叛，最終導致兩人赴死的驚人故事。悲劇女主角在被拋棄與對孩子的愛之間天人交戰，波濤洶湧的情緒波折展現出戲劇張力。諾瑪被認為是有史以來最偉大的歌劇主角之一，也是所有劇目中最困難的女高音角色之一，而她的名字被認為是**熱情和力量的代表**。

這位卡塔尼亞的浪子於 1835 年英年早逝，但他家鄉的人們仍深深以他為榮。當地的歌劇家和作家會聚集在這個小鎮，希望「貝里尼魔法」能降臨到他們身上。尼諾・瑪妥格理歐（Nino Martoglio）就是其中之一，他出生在附近的貝爾帕索鎮，並在 1890 年左右來到卡塔尼亞。

尼諾那時獨自一人開始寫詩及創作戲劇，全部都是透過西西里島

▲卡塔尼亞，是義大利作曲家文琴佐・貝里尼的故鄉。

語書寫。他的創作讓人們了解到當地人的語言本身就有強大的文學力量，而且他喜歡在晚上進行語言藝術表演，歌頌方言的美好。他深諳當地的美食文化，總是充滿熱情的享受味覺饗宴。

　　某天，在一場扣人心弦的戲劇表演後，他吃了一盤搭配著番茄、茄子佐醬和當地佐鹽味里考塔起司的義大利麵，並且聲稱那是他這輩子吃過最美味的食物。**由於《諾瑪》是當地最偉大的戲劇創作，他就以諾瑪替這道義大利麵命名**，這稱呼很快就在卡塔尼亞人之間口耳相傳，並成為當地招牌料理：從此在小鎮餐廳裡的菜單上，這道菜都提醒著卡塔尼亞人，他們的同胞在歌劇世界裡留下了屬於自己的印記。

媽媽盤中的家鄉味，材料百年沒變

最終，這道佳餚的盛名傳出了小島，聲名遠播各地。1861 年，義大利統一後人口暴增，南義大利開始人滿為患，義大利人開始大幅移出，而隨著 20 世紀上半葉的兩次世界大戰蹂躪了歐洲大陸，這樣的趨勢不減反增。許多義大利人搬遷到相對安全的美國都市，住在被稱為小義大利的社會，並持續舊有的生活和料理方式，包括那些對美國人民來說頗為新穎的食譜和風味。因此諾瑪義大利麵在美國有了一「拖拉庫」的新粉絲。

今天，人們傾向認為西西里島是黑手黨的故鄉。其實，最初黑手黨員是為了協助加里波底解放水深火熱中的家鄉，才聚集在一起，如今發展成暴力組織可說是與當初的目的大相逕庭。電影和電視節目讓我們對幫派人生有著浪漫的幻想，但我們也學會欣賞西西里人對傳統的驕傲——這總是包括了**媽媽盤中那質樸的家鄉味**。

諾瑪義大利麵就是這樣一道食物。所以當你試著做這道菜時（一定會有這一天），你也會知道為何這道菜的材料從來沒變過，百年如一日。

▶ 文琴佐・貝里尼的劇作《諾瑪》成為西西里島人的家常菜的名字。

© AKG Images

美味關鍵 Tips

義大利料理的精髓在於上好的食材，他
們永不停歇的追求更好的品質，所以請
在能力範圍內盡量準備最棒的食材。鹽
味里考塔起司並不是容易取得的食材，
但你可以透過網購取得，或者如果你家
附近有好的熟食店，他們應該也能替你
採買到這項食材。

諾瑪義大利麵
盡量使用上等食材，
才符合義大利料理的精隨

材料（4 人份）

- 香蕉紅蔥（banana shallots，其外形介於紅蔥與洋蔥之間，且長得像香蕉）2 顆，切段；初榨橄欖油適量
- 茄子 1 條，切成長寬 2 ～ 3 公分的小方塊；鹽少許
- 現磨黑胡椒少許
- 蒜末 2 瓣、辣椒粉 1 茶匙
- 聖馬利諾番茄 450 公克（也可用其他番茄替代，但能用這種最好）、海鹽 1 把、市售直管麵 400 公克
- 鹽味里考塔起司 50 公克
- 新鮮羅勒葉 1 把
- 帕馬森起司粉適量

作法

① 取一平底鍋，倒入 1 公分深的橄欖油，清炒紅蔥段直到香脆取出，然後用紙巾吸油，備用。

烤茄子和做蕃茄糊

② 取一烤盤，放入茄子，再淋上少許橄欖油、鹽和胡椒，然後在已預熱至 180℃的烤箱中烤約 20 分鐘，直到茄子軟化。

③ 取一大煎鍋，以中火加熱，加入 2 湯匙的橄欖油，輕炒蒜末 1 ～ 2 分鐘，再加入辣椒。接著壓碎番茄（如果你想體驗鄉村風味，就用手壓碎，也可以用木湯匙，把番茄壓成漿狀），加入鍋中，輕炒約 10 分鐘。接著，加入作法 2 的茄子，繼續翻炒直到蕃茄煮熟。

④ 另取一深鍋，加滿水和海鹽煮沸。等水完全沸騰後，才能依照包裝說明，把義大利麵加入鍋中，義大利直管麵口感會稍硬。麵煮好後瀝乾，把煮麵用的水保留在一旁，再把麵加入作法 3 的番茄和茄子醬中，均勻攪拌麵和醬。若醬料太乾，可加入一些剛才煮麵的水。

⑤ 續作法 4，將鹽味里考塔起司搗碎加入，由於這是硬起司（firm cheese）所以不會融化。接著，撒上羅勒葉、作法 1 的紅蔥段和帕馬森起司提味，即可盛盤上桌。

III. 甜點中的極品

© Mary Evans Picture Library

就算吃得再飽，

永遠都有另一個胃裝甜點。

為了讓餐宴劃上完美的句點，

更為了得到撫慰，和盈滿心的幸福感。

29 銷魂卻黯然，
最美卻瞬間即逝——
帕芙洛娃脆餅（Pavlova）

倫敦加夫洛許（Le Gavroche）餐廳的前老闆艾伯特・盧克斯（Albert Roux）是一位卓越的主廚，他有次告訴了我一個真相：「如果晚餐夠好吃，而且讓每個人都飽餐一頓了，那就沒有人會需要甜點。所以甜點必須是特別的、一種額外的享受。」這話說得太好了。

從營養分析的角度來看，一層層的蛋白糖霜脆餅，覆蓋上奶油和豐富新鮮水果還真是甜蜜的負擔，不過老天啊，它確實是十分特別。

帕芙洛娃脆餅打從一出場就令食客驚為天人，頂端綴滿五顏六色

© Mary Evans Picture Library

▲安娜・帕芙洛娃是首位成為國際巨星的芭蕾舞伶。

的莓果，當你嚐到第一片塞滿濃郁奶油的蛋白糖霜脆餅時，你將更加的讚嘆它的華麗豐美。在一片接一片狼吞虎嚥過後，盤中的碎屑看起來就像公園裡消融的雪人，正好適合一小口、一小口的優雅品嚐。也難怪這道甜點在烹飪史上始終占有一席之地。

© Getty Images

▲澳洲和紐西蘭各自認為擁有帕芙洛娃食譜的所有權。

蛋白糖霜脆餅的起源素來未有定論，有一說的時間點追溯至 1720 年，認為發明人是瑞士籍廚師加斯帕里尼（Gasparini）。他當時在瑞士梅翰吉根（Mehringyghen）小山城工作；但也有人認為在英國有一些食譜記載了一道「雪」的蛋液料理，時間點則可以追溯至 17 世紀。

蛋白糖霜脆餅這個詞，第一次出現是在 1692 年的《新烹飪：從王室貴族到中產階級》（*Nouveau cuisinier royal et bourgeois*）一書中，作者是法國貴族大廚師弗朗索瓦・馬夏羅（François Massialot），該書於 1702 年譯成英文版。

為了料理所有權，紐澳兩國互不相讓

1926 年，**紐西蘭和澳洲打算用蛋白糖霜脆餅搭配奶油的料理，招待來訪的俄羅斯巨星——**安娜・帕芙洛娃（Anna Matveyeva Pavlova），當時這種料理在法國料理界早已行之有年。帕芙洛娃是當時最傑出的芭蕾舞者，更有人認為是後無來者。

帕芙洛娃最為人稱道的角色是垂死的天鵝（Dying Swan），由編舞家米契爾・佛金（Michel Fokine）在 1905 年時為她量身打造。該

劇完美的呈現了她的非傳統舞姿，其中展現的自由和脆弱極度打動人心、贏得好評。

很明顯的，這道甜點是為了紀念帕芙洛娃的來訪，而由一位創造力豐富的廚師所發明，但這個結論並不完美，接連而來的是到底「是誰」發明這道料理的問題，這也造成了紐西蘭和澳洲料理界的歧見。

紐西蘭人主張發明者是來自紐西蘭威靈頓一間酒店的不知名主廚，而澳洲人認為應該是伯斯海濱酒店（Hotel Esplanade）的主廚賀伯特·薩奇（Herbert Sachse）。

紐西蘭人認為發明該料理的時間，就是在 1926 年帕芙洛娃到訪時，而澳洲人則主張該料理首次出現的時間是 1935 年，依據來源是海濱餐廳的紀錄。兩者時間上的分歧，歸咎於主廚薩奇當時記載錯誤。在這兩個時間點之間，各地都有各式各樣的書面資料提及這道料理，也有許多雜誌報導，像是澳洲的《婦女週刊》（*Women's Weekly*）或較沒名氣的《朗奇歐拉媽媽聯會的料理書》（*Rangiora Mothers' Union Cookery Book*）。

可以肯定的是，紐西蘭和澳洲早在 1926 年就出現「蛋白糖霜脆餅搭配水果」這樣的料理手法，而且，帕芙洛娃都曾到這兩個國家演出。甚至薩奇本人也承認，這道料理的靈感來自於一本女性雜誌，但他主張這道名聞遐邇的甜點，最終普及的版本還是由他發明的。

紐西蘭和澳洲雙方持續僵持不下，而烹飪世界對料理所有權的偏執已經到了一種荒謬的地步，導致澳洲和紐西蘭都把這道料理列為他們的國菜。

保鮮期一過，就像垂死的甜點

　　無論事實真相為何，這道甜點都完美的捕捉了帕芙洛娃的專業精神和靈魂。它以和芭蕾舞裙相似的波浪外型為基底，頂端則放上豐富多彩、充滿活力的水果裝飾，宛如光彩奪目的舞姿。而甜點的保鮮期似乎也反映了帕芙洛娃著名的羽步組曲：「美總是曇花一現。」若不馬上吃掉，水果和奶油很快就會陷入蛋白糖霜脆餅中，變得潮溼而難以下嚥——可以說是變成了一個垂死的甜點。

　　這道菜的普及，大部分歸因於一代舞伶戛然而止的職業生涯。安娜・帕芙洛娃於 1932 年至荷蘭巡演時死於肺炎，享年 49 歲。根據芭蕾舞界的傳統，她過世後，原定的下一次演出會如期舉行，聚光燈打在空盪盪的舞臺中心，緬懷她本該翩翩起舞的身影。

　　帕芙洛娃甜點讓觀眾記得一位風靡國際舞臺的巨星，它也像一張空白的畫布，讓世界各地的人可以添加屬於他們的元素：狂愛草莓的英國人，和熱愛百香果及芒果等熱帶水果的法國人同樣興致勃勃。於是，這道最受歡迎的晚宴甜點就這樣流傳世世代代，等著新一代進行更多的改造和研發。

　　當你把蛋白糖霜脆餅放入烤箱後，閉上眼睛想像，垂死天鵝最後的翩翩舞步，以及有史以來最偉大的芭蕾舞伶將躍入眼簾。

© Mary Evans Picture Library

▶ 安娜・帕芙洛娃飾演《天鵝湖》中的垂死天鵝，
　這是她最膾炙人口的角色。

帕芙洛娃脆餅

避免受潮，烤完別直接拿出烤箱，等到完全冷卻再取出

 材料（8 人份）

- 蛋白 3 顆
- 細砂糖 200 公克
- 鮮奶油或高乳脂肪含量鮮奶油 330 毫升，預先將鮮奶油打發
- 新鮮的水果 300 公克（草莓和覆盆子是不錯的選擇，或是香蕉也不錯）
- 糖粉 1 湯匙

 作法

①　把蛋白倒進乾淨的碗中，攪拌到蛋白呈現粗粒泡沫狀。別攪拌太久，不然攪拌過頭後，又會再度變回鬆軟。接著，慢慢開始分批加入少量砂糖，每次加入一點糖後就繼續攪拌，直到砂糖與蛋白完全混合，形成蛋白糖霜。

> 打蛋白糖霜

②　舀出 1/2 作法 1 的蛋白糖霜放至烤盤中，上面要鋪著烤盤紙或矽膠烤盤墊（重點是不沾黏），將它鋪成直徑約 24 公分的圓。然後，將剩餘的蛋白糖霜用湯匙舀起，圍在圓形蛋白糖霜的周圍，接著用叉子或金屬長串輕捻，讓它形成山峰狀。

③　事先預熱烤箱至 180℃。接著，把作法 2 的蛋白糖霜放進烤箱，溫度調為 130℃烤約 1 小時。然後，關閉烤箱電源，先不要把帕芙洛娃取出，要等到帕芙洛娃完全冷卻。否則一接觸到空氣，就會受潮。

> 烤蛋白糖霜

④　把作法 3 的帕芙洛娃小心移出烤盤紙，在蛋糕頂端加上鮮奶油和水果，再撒上糖粉。接著，就可以把整個蛋糕端上桌。

美味關鍵 Tips

華麗絕美，是這道料理的重點。這是一道讓人驚喜連連的甜點——請記住你是在揣摩一位能在大象背上連續舞出 37 圈迴旋的女人。對，一定要有欣賞舞臺劇的美感才行。我喜歡把它整個端到餐桌上，然後讓大家用湯匙分食，不過如果你想要的話，也可以把它分盤盛裝。

30 英國也是有至尊甜點的！
欸，法國創作——
蘋果夏洛特布丁 Apple Charlotte

　　人類與蘋果間有著複雜糾葛的關係。從亞當第一次咬下禁果，它就融入了人們的每日生活，交織在各式精美佳餚裡。

　　蘋果夏洛特布丁其棕色堅硬的外皮和溫暖、柔軟和香甜的內餡，讓它成為能撫慰和盈滿人心的甜點。一片蘋果夏洛特能讓餐宴劃下完美的句點，同時又不用擔心攝取過多的糖分造成憂鬱，更棒的是，它的作法非常簡單。

羅馬人用蘋果征服英國

　　數世紀以來，在英國和其他國家，從土耳其到阿根廷，蘋果都長得相當不錯。如今英國物產豐饒，但並不是所有農產品都是原生種，連蘋果也是由羅馬人引進英國的：安排長期征戰的老兵退役後在分派的農地種植水果，這是他們願意留在英國的一個誘因，至少可比派駐守衛羅馬帝國前哨更有吸引力。

© Mary Evans Picture Library

▲國王亨利八世熱愛櫻桃園，並且讓英國人愛上種植水果。

▶ 英國皇家裘園，皇后夏洛
　特的住所。

　　羅馬人離開英國
以後，蘋果的種植逐
漸沒落，但 1066 年
來自諾曼第的征服者
威廉率領軍隊入侵英
國後，又恢復了英
國各地種植蘋果的傳
統。蘋果的種植持續了幾乎三個世紀，直到 1349 年的黑死病消滅了
英國一半的人口，留下一片片荒蕪的果園。

　　然後在 1533 年，亨利八世的時代下，蘋果又再度重返英國舞
臺。從德國畫家漢斯・霍爾拜因（Hans Holbein）畫的肖像畫中，我
們可以清楚發現亨利是充滿熱情的美食家。在漢普頓宮的家中，他對
園丁理查德・哈利斯（Richard Harris）下達任務：在果園裡種植各式
各樣的水果，特別是蘋果。

　　哈利斯從法國引進了許多新的蘋果品種，例如紅蘋果，也在當
地種植成功。他把技術傳授給其他農民，並積極種植，包括英國肯特
郡、赫里福郡、格洛斯特郡、伍斯特郡的果園——時至今日，都還能
在這些區域看到一排排的蘋果樹。

改用其他水果，也叫夏洛特

　　蘋果夏洛特布丁的另一個重要原料是麵包，而世界各地的人食用
麵包的歷史也已有數千年之久。在 18 世紀中葉的英國，若麵包已過

最佳食用期，人們就會將麵包浸泡在牛奶中使其軟化，可能加上一些水果再拿去烘烤，這種料理手法十分常見。

同時，許多大戶人家開始聘請受過法國料理訓練的廚師，皇家宴會上也充斥著根據經典法國食譜做出來的蘋果甜點。不久之後，一位名不見經傳的廚師，就把每天都在做的**布丁料理**幻化成一道令人驚豔的佳餚。

這道食譜最早於 1796 年公諸於世，**以喬治三世（George III）的皇后夏洛特（Charlotte）命名**。這對皇室夫婦主要居住在裘園（Kew，位於聯合國世界文化遺產 —— 英國皇家裘園植物園〔Kew Gardens〕），後來夏洛特對園藝之事十分熱衷，並從她居住的區域開始**推廣種植蘋果**，最後，她甚至成為**英國蘋果果農的贊助者**。

以她命名的布丁料理很快就被其他大戶人家的主廚所複製。有時候他們會用其他水果來取代蘋果——任何煮過後會軟化的水果都行，但料理名稱依然是夏洛特。

不管俄羅斯還是巴黎作法，都令人心暖

19 世紀初，偉大的法國廚師馬利安東尼・卡瑞蒙（又是他），在英國工作時接觸到了這道料理。他不依循本來以麵包作為外殼的原則，然後以冷的蛋奶餡取代原本熱的內餡。他以精緻的海綿手指餅乾（Ladyfinger）取代麵包作為外圈，並在頂端放上滿滿的櫻桃。

卡瑞蒙在英國只停留了短暫的時間，接著就搬到俄羅斯，替沙皇亞歷山大一世（Tsar Alexander I）短暫工作。他有可能是為了榮耀新雇主，才把自己版本的布丁料理命名為「俄羅斯的夏洛特」

（Charlotte Russe），因為沙皇的嫂子也叫做夏洛特。或者那只是反映
出當時法國人對俄羅斯的推崇喜愛。

　　還有一個版本的故事說：卡瑞蒙本來把自己的版本稱為「夏洛
特．巴黎小姐」，但在一場榮耀沙皇的國宴中，又改了名。

　　雖然卡瑞蒙的作品已經和原本的糕點相去甚遠，卻依然維持了和
夏洛特的關聯。俄羅斯在 20 世紀初經歷了幾場革命，許多貴族逃離
故鄉，而「俄羅斯的夏洛特」也因此傳至其他國家，在美洲的家庭中
大受歡迎。

　　直到今天，「俄羅斯的夏洛特」和蘋果夏洛特都讓全世界的晚餐
桌更添風情。**在一個寒冷的秋季星期日，沒有食物能比得上蘋果夏洛
特**，其鮮脆的奶油麵包又軟又甜。**沒人能低估它溫暖心房的功力**，我
們應該使用熱騰騰的奶油內餡和雙重奶油，更重要的是，一次滿足兩
種渴望。

▲ 世界各地都有種植蘋果，美洲也不例外。

美味關鍵 Tips

不管是在金風颯爽的秋季週末，或英國 7 月潮溼的星期日，
這都絕對是一道美味且簡單的一流甜點。布拉姆利（Bramley）
蘋果是這道甜點的完美原料，但如果僅使用布拉姆利蘋果會
讓內餡過於鬆軟，所以最好和其他質地比較堅硬的蘋果混合製
作，例如考克斯（Cox）蘋果就是不錯的選擇。

蘋果夏洛特布丁
最好選購質地比較堅硬的蘋果混合製作

▲夏洛特皇后，英國蘋果果農的贊助者。

 材料（4～6 人份）

- 蘋果 1.2 公斤
  （可以的話，布拉姆利蘋果和考克斯蘋果各半）
  〔脆、鬆蘋果各半〕

- 精緻白砂糖 2～3 湯匙
  （取決於你想做多甜的布丁）

- 奶油 150 公克

- 5 毫米厚的白麵包 6 片，去除麵包皮

- 蛋黃 1 顆、研磨肉桂 1 茶匙

 作法

❶ 把蘋果去皮、去核，切成薄片狀，用冷水沖洗，再和糖、1/2 的奶油放入平底深鍋中，用小火熬煮直到蘋果可以壓碎成泥後，靜置一旁冷卻。

❷ 同時，慢慢融化剩下的奶油，把麵包切成長條狀，並把每片麵包雙面都刷上融化的奶油，注意每面都要塗到。用 3/4 的麵包做一個約 600 毫升的布丁盆，把每片麵包交疊排列並用力按壓，不要

留有任何縫隙。

❸ 等作法 1 的蘋果泥冷卻後，加入蛋黃、肉桂粉拌勻，然後填入作法 2 的布丁盆中，最後用剩下的麵包把布丁盆的頂端密封起來。找一個大小適中的耐熱盤子放在布丁頂端，並壓上約 900 公克耐烤的重物，靜置約 30 分鐘。

❹ 把烤箱預熱到 200℃。把作法 3 的布丁放進烤箱烤 35 分鐘（頂端重物不要拿掉）。接著，戴上隔熱手套把盤子和重物移除，再烤 10 分鐘，把頂端烤成棕色。

❺ 把作法 4 的布丁移出烤箱，先靜置 1 分鐘，然後把布丁翻轉放到加溫過的盤子中，便可上桌。

31 紐奧良的驕傲，
有鬼魂的味道——
焰火焦糖香蕉 Bananas Foster

在所有稀奇古怪又好吃的食物中，看似平常無奇的香蕉也算一份。你可想像當歐洲探險家，從北美帶回給君王一串像手指般鮮黃色水果的景象嗎？

美國主要進口香蕉的港口是紐奧良，因此這令人著迷的多元文化城市有最精采創意的香蕉作法。

桌邊料理表演：濃郁、大膽、香甜

焰火焦糖香蕉是一道純粹的美式甜點，以濃郁、大膽、香甜著名。也可當場在餐桌旁展現其製作過程。如果你還認為香蕉只是便當盒旁的零嘴，那你就錯了。以奶油、麥芽糖、熟軟香蕉加上蘭姆酒燒焦後，就成為一道緩解美國南方傳統辣食（Cajun meal）刺激的最佳良方。

對一般人來說，依香蕉黏滑質密之特性，不但很難發揮創意，且難以

▲紐奧良市是美國進口香蕉的主要城市。

融入正統法式甜點中，頂多弄出些粗糙無美感可言的甜食。再說太熟爛的香蕉，會將與其相混的材料變成難看的深棕色。且香蕉缺少柑橘類水果獨有的風味，所以與蛋味十足的布丁也不相配。

　　因此在 1951 年，當紐奧良布瑞南餐館（Brennan's restaurant）老闆要求他的主廚保羅・布朗格（Paul Blangé）設計出一道香蕉布丁，其中的挑戰、過程不是大家想像的那麼容易。

▲ 紐奧良市於 1950 年代歷經快速蓬勃的發展。

打造觀光城市的促銷手法

　　歐文・布瑞南（Owen Brennan）曾在紐奧良的波旁街開過酒吧，跑船的水手常在那裡喝苦艾酒解悶。他之後把海盜及搞革命者經常喝醉酒的「祕密空間」加以裝潢，成為好萊塢明星和政客私下飲酒作樂的地方。

　　後來，他於 1946 年在對街又開了一間家庭式餐廳，請他父親、兩位姐妹、一位兄弟共同經營。該餐廳的招牌菜「布拉尼石」（Blarney Stone，一種像方形石頭的花生香草海綿蛋糕，由來：傳說只要親吻位於愛爾蘭布拉尼城堡的布拉尼之石，會獲得口若懸河的好口才）深受當地人喜愛。

　　然而，布瑞南卻不以此滿足，他致力於推銷其所摯愛的紐奧良市，並希望其獨具風味的料理，能受人喜愛。該餐館提供受人歡迎的南方經典食材，如秋葵、燉肉與海鮮所烹調的食物。

© Alamy

▲ 現做焰火焦糖香蕉。

布瑞南以身為紐奧良市民而驕傲，因此積極結交紐奧良防治犯罪委員會主席、兼做防晒（雨）篷生意的當地士紳理查‧佛斯特（Richard Foster）。他和布瑞南都想清除紐奧良髒亂的街道，將其發展成為觀光城市，因此常可在餐廳見到佛斯特和布瑞南邊用餐邊討論的畫面。

回到香蕉的主題，《假期雜誌》要求布瑞南推出一道代表該餐館及該地區的特別菜色。從開張就一直在布瑞南手下工作的荷蘭佬保羅‧布朗格心知，應設法造成轟動。而香蕉貿易是當地商業活動的主軸，促銷和推廣香蕉一定不會有錯。

當時該地區最具特色的麵包布丁，是常以威士忌酒當佐料，這使得布朗格想到當地另一絕佳好酒──蘭姆酒，另外還有香蕉等特產，所以推出一道炭烤的香蕉，你大概已經可以猜出這醞釀中的絕妙主意是什麼了吧！

自《假期雜誌》在 1951 年秋季號發表焰火焦糖香蕉以來，布瑞南餐館的這道甜點，在菜單上已經屹立超過了半個世紀，並且也成為最受歡迎的國際性甜點。歐文‧布瑞南以理查‧佛斯特命名此項甜點，因為佛斯特是他的好友兼料理參謀，如此一來這道料理名稱就說得通了。

現今，它也是公認的紐奧良美食。隨著全世界對美國南方菜色越來越感興趣的情況下，各方自然紛紛仿效。

死後的靈魂仍念念不忘

　　很可惜布瑞南在享受一場豪華飲宴後，突然於 1955 年死於心臟病。如果他還在世，會為世界各地極為喜愛紐奧良菜系深感驕傲。他死後，餐館搬至街角，仍和以往一樣受到歡迎。至於佛斯特，其篷布事業依舊仍在營業，並在全美設有多處賣場。

　　主廚保羅‧布朗格則在 1977 年過世，但有些相信超自然的人卻認為，他的靈魂仍在布瑞南的廚房出沒。他與一副刀叉和一份布瑞南餐館的菜單一起下葬後，有些廚師開始聽見廚房時有敲門聲，卻不見任何人影。

　　所以，下次在家燒旺蘭姆酒做這道甜點時，如果聽見有人輕聲敲著廚房窗戶時，請別驚慌。那應該是保羅‧布朗格，他只是來要一份烤好的焰火焦糖香蕉罷了！

▶ 焰火焦糖香蕉的誕生之處 ── 布瑞南餐館。

焰火焦糖香蕉

倒入蘭姆酒後，輕傾鍋子，以點燃火焰

　　布瑞南餐館一年約燒烤 1 萬 6,000 公斤的香蕉。當你踏進該餐廳時，會看到製作這道甜點時的視覺震撼效果。甜點的製作過程，最好是直接展示在賓客面前——讓賓客就座後，配上爵士樂的伴奏，但要先備好材料，開始進行燒烤。微笑臉龐上映照出蘭姆酒發出的火焰，以及火焰跳耀出烤盤的特殊景象，真是一幅絕無僅有的畫面。

 材料（4 人份）

- 奶油 50 公克
- 黃糖 200 公克
- 肉桂粉 1/2 茶匙
- 香蕉甜酒 55 毫升
- 香蕉 4 根，先切半，再對半切
- 深色蘭姆酒 55 毫升
- 香草冰淇淋 4 球

作法

❶ 將奶油、糖、肉桂粉混入鍋中，然後將鍋置於酒精爐上，以溫火將糖融化。再加入香蕉甜酒和香蕉。當香蕉變軟，且顏色加深後，小心注入蘭姆酒，然後輕輕將鍋傾斜，以便點燃蘭姆酒。

❷ 將每一球冰淇淋放置在 4 個盤子上。當作法 1 的火焰減弱時，立即將香蕉從鍋中取出 4 片，鋪在冰淇淋上。多澆些鍋中留有的熱汁在冰淇淋上，並立即享用。

© Mary Evans Picture Library

◀ 紐奧良的香蕉可能來自加勒比海牙買加（Jamaica），雖然不是本地產的水果，但進口後大受歡迎。

32 你知道誰是第一個替蛋糕
擠花的嗎？——
阿拉斯加火焰雪山 Baked Alaska

　　烹飪總是和化學有關，但阿拉斯加火焰雪山卻不只如此，這也是造成該甜點有著令人驚喜效果的原因。鬆脆火熱的蛋白糖霜鋪在冰淇淋上，很難不讓饕客對這奇妙的滋味感受到強烈的震撼。

　　從 18 世紀開始，人們就知道將蛋白打成泡沫狀，用以裝飾蛋糕。**直到 19 世紀初，法國超級名廚馬利安東尼・卡瑞蒙才用圓錐袋擠出蛋白泡沫以裝飾蛋糕。**突然間，人們可用此法裝飾出想像所及的各種蛋糕花樣。

固態的蛋白泡沫，風行歐美澳三大洲

　　同時期，世上卓越的烹飪大廚，都在研究「熱」對各種菜色成分的整體影響。1753 年，生於美國麻州，在英國工作的物理學家本傑明・湯普森（Benjamin Thompson），以蛋白泡沫包裹住冰塊和冰淇淋後置入烤箱中。他發現冰塊和冰淇淋仍保持原狀，而蛋白泡沫卻轉成固態。

　　後來，湯普森離開了科學界，發展圍爐用的隔熱紙及禦寒用的衛生衣事業，而其他廚師則利用他在餐飲界的發現，繼續嘗試創新。

不久，歐美澳三洲都開始風行這種新奇的甜點，有人稱作挪威鬆餅（至於為何有此名稱已經不可考，或許是因為挪威處於天寒地凍之故）。甚至還有一種說法就是，當1866年中國使節訪問巴黎時，所傳授給法國廚師的新點子，但誰又會知道真相呢？

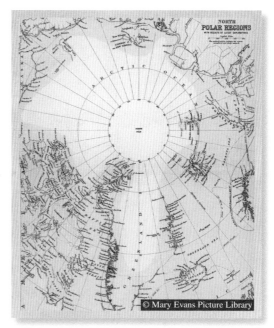

▲ 位於冰天雪地的阿拉斯加，帶給火焰雪山絕妙的靈感。

這道甜點需要有著像美國馬戲團經紀人兼演出者費尼爾司·泰勒·巴納姆（Phineas Taylor Barnum）般表演精神的人，才能給這道新奇的甜點帶來它目前的特色，並使之永遠能夠名副其實。這人便是查爾斯·朗賀費。

朗賀費在 1862 年便被聘為紐約迪摩尼可餐廳的主廚，並將這原本就很高級的餐館，帶入了另一個境界。他的豪華宴會，對以餐飲著名的紐約市，也增添了些許神奇的色彩。他將人工天鵝湖設在餐廳裡，用以營造食客在湖邊用餐的感覺，更可看出餐館奢靡的程度。

這新奇點心又與阿拉斯加何干呢？俄國當時雖有少數拓荒者在阿拉斯加，卻認為實在無利可圖而未考慮將之全面殖民化。當 1867 年，美國國務卿威廉·亨利·西華德（William H Seward）開出天價 720 萬美元，願意買下阿拉斯加時，雙方便很快成交。

那時人們都認為西華德因愚昧而買下了阿拉斯加，但是在發現其中蘊藏金礦、天然氣、油田之後，又證明他是對的了。

蛋白糖霜像阿拉斯加的暴風雪

不論你怎麼看，這筆交易都是件大事。當西華德回到紐約要舉行國宴慶祝此事時，似乎也只有豪華的迪摩尼可餐廳適合。朗賀費的天才，立即展示在他選擇了這道新奇點心作為飯後的甜點。還有什麼選擇比這更好呢？波浪形的蛋白糖霜，像美國最新領土阿拉斯加荒涼的雪地。

朗賀費的作法，是先將冰淇淋放入挖空的海綿蛋糕中，置於冰庫冷凍後覆上蛋白糖霜，再送進烤箱中以高溫燒烤。這道甜點絕對是飯後的經典之作，就像阿拉斯加暴風雪般的景象一樣。

不久，這道甜點的名氣，就在紐約傳開了。很快的，全美各地也

© Corbis

▲火焰雪山首次於 1867 年在紐約迪摩尼可餐廳供賓客享用。

都知道了這款新命名為火焰雪山的甜點。餐館業都喜愛它令人驚喜的火焰效果，1896 年這款甜點的作法，被收入《波士頓餐飲學校烹飪書》，它在美國廚房中的地位從此確立。

同時，這道甜點也出現在摩納哥蒙地卡羅（Monte-Carlo）的巴黎咖啡館菜單上，**而成為有錢人與名人的同義詞，被視為奢華程度的新高峰。**

▲ 美國國務卿威廉‧亨利‧西華德以 720 萬美元買下阿拉斯加。

光用烤箱，就能做出內冷外熱的甜點

近年來廚師可用不同的工具，做出更戲劇化的甜點，甚至出現與火焰雪山內冷外熱相反的內熱外冷另類甜點——利用微波爐就能做出一個內心包有熱漿、外殼被冷凍的這種甜點。英國科學家尼克拉斯‧科爾提（Nicholas Kurti）在 1969 年提出此一甜點的作法，並且推薦給倫敦皇家學會的會員們。

現在人們家中都備有烤箱，用火槍也可以輕鬆的就把蛋白糖霜烤成焦黃。如果你問我，我會說烤箱做出的甜點，是唯一能將平淡無奇的主餐，變成最後令人難忘的甜美時刻。

但如果你有火槍，更應該試試看。兩種方法的區別，大概只在於有沒有防護措施，讓你安全使用火槍罷了。朗賀費應該會選擇火槍創造出來的絢麗效果，尤其是當你在天鵝湖畔，要請大家品嚐火焰雪山甜點的那一刻。

美味關鍵 *Tips*

在家做這道甜點會是最令人興奮的事。雖然有點危險，但如
果你順利完成的話，會讓你覺自己身價美金百萬，或説是
720 萬美元吧！成功的訣竅在於冰淇淋一定要徹底冷凍。

阿拉斯加火焰雪山
成功的小撇步，在於
冰淇淋一定要完全冷凍

材料（4人份）

- 香草冰淇淋 500 毫升
- 蛋白 3 顆
- 篩過的砂糖 90 公克
- 篩過的冰糖 90 公克
- 海綿蛋糕 1 塊，由寬處切約 0.5 公分厚
- 覆盆子甜酒 4 湯匙（我用尚博爾酒）
- 覆盆子果醬 8 湯匙

作法

❶ 預先將冰淇淋從冰庫拿出，等稍微變軟後，挖出 4 球和高爾夫球般大的分量，把冰淇淋放在盤子上，冰庫冷藏。

❷ 取一碗公，邊打蛋白、邊慢慢加入砂糖，要設法打出一座堅挺的白色山峰。再加入冰糖慢慢調和，然後加快調勻的速度，否則你只能打出一碗沙狀雲。再說一次，要設法打出一座堅挺的白色山峰，才有光滑的質感。

❸ 將海綿蛋糕以 7.5 公分寬的切割器分成 4 份放在盤子上。甜酒均分 4 份倒在海綿蛋糕上，並抹上果醬後，在每塊蛋糕上放一球作法 1 的冰淇淋。

❹ 將作法 2 的蛋白糖霜裝入圓錐形袋中，然後擠到作法 3 的冰淇淋上。可先從冰淇淋上面裝飾，再用抹刀塗抹在冰淇淋的邊側。可隨意再加上更細緻的第二層糖霜，但漩渦狀的線條就很好看了。確定糖霜有完全塗抹在蛋糕和冰淇淋上。此時可以將整個火焰雪山送進冰庫中，存放到晚宴開始前。

❺ 從冰庫取出作法 4 的火焰雪山，可放入已預熱至 240℃的烤箱或使用火槍燒烤（使用火槍並不能使糕餅的部分變更香脆，只會使顏色變好看些）。當差不多 5 分鐘時即可取出，此時糖霜與蛋糕都只加深了一點顏色，又會有一點脆脆的口感。

33 曾經失手，
浴火（慾火）重生──
法式火焰薄餅 Crêpes Suzette

在料理上加酒燃燒極為精采刺激，其他料理方式中，很少可以媲美這種手法。這花招極富戲劇效果，宛若控制得宜的小型爆炸，能掀起五彩繽紛的燦爛火焰，讓觀者屏息驚豔。拿這招結合特技般的拋擲技巧，料理過程會是一場精采表演。

© Mary Evans Picture Library

▲倫敦薩伏伊飯店的廚師。薩伏伊飯店，是讓法式火焰薄餅廣受歡迎的眾多推手之一。

法式火焰薄餅使用了閃亮誘人的奶油醬，倒在大家兒時最愛的薄餅上，始終都能擄獲人心，至於上頭是否再加一球冰淇淋則無關緊要。你會不禁覺得身體很暖──有時真的如此！

然而，儘管法式火焰薄餅廣受歡迎，背後的故事卻眾說紛紜。我會把幾個互相衝突的故事版本都告訴你。

王子的約會，卻被年輕侍者搞砸

　　第一個版本是關於一位雄心壯志的十四、五歲侍者亨利・夏龐蒂埃（Henry Charpentier）。那時是 1895 年，「美好時代」的顛峰，法國人對未來充滿樂觀嚮往。隨著巴黎鐵塔的落成，1889 年的巴黎世界博覽會揭開新的世代，科學與藝術不斷推陳出新，政商名流乘汽車四處旅行，啜飲高級香檳。這是一個適合開餐廳的年代，只要你能吸引到對的顧客，像是摩納哥蒙地卡羅的巴黎咖啡館就有辦法吸引到最佳貴賓。

　　某天晚上，威爾斯王國（Wales，位於大不列顛島西南部）的愛德華王子，也就是日後的英國國王愛德華七世，來到店裡光顧。亨利・夏龐蒂埃負責替愛德華王子及友人上甜點，座上包括其中一位友人的年輕女兒蘇賽特（Suzette）。橘醬薄餅向來是在桌邊完成料理，偏偏今晚年輕的夏龐蒂埃大大的搞砸了，害**薄餅陷入火海，但這場明顯的災難反而讓料理浴火重生。**

© Mary Evans Picture Library

　　夏龐蒂埃依然把薄餅端上桌，事後說：「愛德華王子用叉子吃完薄餅，還拿湯匙舀剩下的糖漿。」愛德華王子親自要求把這道薄餅料理命名為蘇賽特薄餅（譯按：Crêpes Suzette，也就是法式火焰薄餅），藉以紀念他的年輕貴客。

▶ 巴黎的咖啡館文化迅速風靡全球。這是 1926 年倫敦的巴黎咖啡館。

整個故事聽起來十分可信，但憑據的只有夏龐蒂埃的一己之辭，收錄於他在 1934 年出版的回憶錄《亨利的一生》（*Life à la Henri*）。那時他已搬到美國，以廚藝精湛著稱，在長島開的餐廳吸引了羅斯福總統和威爾遜總統光顧，很驚人吧！

夏龐蒂埃是讓法式火焰薄餅大受歡迎的一大功臣，這一點無庸置疑。他在全球許多頂級餐廳推出法式火焰薄餅，例如皇家咖啡館酒店、倫敦薩伏伊飯店和莫斯科的大都會飯店，此外也在美國推出。他甚至曾在法國名廚奧古斯特・艾斯科菲耶底下做事，艾斯科菲耶的《烹飪指南》，碰巧是第一本收錄法式火焰薄餅的食譜。

然而，幾本備受推崇的美食書籍，例如《拉魯斯料理全書》，都認為夏龐蒂埃的這則軼事不太可信，因為當時他年紀太小，不應該負責替王子上菜，遑論在桌邊替他現場料理甜點。

法國女星舞臺上的表演橋段

第二個故事也有爭議。1897 年，法國女星蘇珊娜・瑞契爾柏格（Suzanne Reichenberg）在巴黎著名的法蘭西戲劇院（La Comédie Française）登臺演出，飾演女僕，有一段劇情是她端薄餅給其他演員享用。

薄餅由當地的馬里夫餐廳（Le Marivaux）負責準備，餐廳老闆是約瑟夫（Monsieur Joseph），但為了讓觀眾能更清楚看見薄餅，蘇珊娜會

◀ 1898 年，巴黎的咖啡館擠滿飢腸轆轆的顧客。

© Mary Evans Picture Library

▲ 1890 年代的巴黎生活。

在舞臺上把薄餅點火燃燒。約瑟夫就拿她的名字來替薄餅命名。

後來，約瑟夫也在倫敦薩伏伊飯店工作，據說還推出法式火焰薄餅，由謹慎的艾斯科菲耶在背後監督，這讓故事更顯離奇有趣。

第三個版本則指出，法國路易十四的廚師尚‧雷杜克（Jean Redoux）才是發明者，他是以歐根親王（François-Eugène, Prince of Savoy-Cangnan，神聖羅馬帝國陸軍元帥）的蘇賽特公主替這種薄餅命名，但只有偏愛離奇傳說的人會相信這個版本。

我們永遠不會知道哪個版本才是事實，但這終究無關緊要。然而，把愛玩的愛德華七世（按：他風流成性，專門勾引有夫之婦，包括邱吉爾的母親、英國王后卡蜜拉的外曾祖母、議員之妻哈莉特）與最刺激有趣的薄餅扯在一起真是相當有意思，你不覺得嗎？

▶ 1890 年代，出現許多誇張創新的料理與表演。

法式火焰薄餅

點火時，燈光要調暗，才能看到
藍色火焰

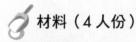 **材料（4 人份）**

薄餅

- 中筋麵粉 110 公克，預先篩過；
  鹽 1 撮
- 全蛋 1 顆，外加蛋黃 1 顆
- 牛奶 200 毫升，混合進開水 100
  毫升、鹽少許
- 植物油 1 湯匙，額外預備酌量用
  來煎餅皮；蔗糖 1 湯匙
- **1 顆橘子分量的橘皮，切碎**

醬汁

- 橘子汁 150 毫升（以 3 ～ 4 顆橘
  子榨成）
- 1 顆橘子分量的橘皮，切碎
- 小檸檬 1 顆，外皮切碎，果肉榨
  汁；蔗糖 1 湯匙
- 無鹽奶油 50 公克、柑曼怡酒
  （Grand Marnier）50 毫升

作法

❶ 麵粉與鹽倒進碗中，把麵粉中央
撥開，倒進雞蛋和蛋黃拌勻的蛋
液，慢慢攪拌蛋液與麵粉，過程
中適時倒入少量的牛奶，若麵糊
變得太乾，繼續酌量倒入牛奶，

並持續攪拌以免結塊。接著，倒
進剩下的牛奶，攪拌均勻，稠度
最好細緻一致。並加入植物油、
橘子皮與蔗糖，用蓋子把碗蓋
住，放入冰箱 30 分鐘。

❷ 取一平底鍋，倒入油和一杓奶
油，慢慢傾斜鍋子讓奶油均勻覆
滿鍋面。鍋子夠熱之後，倒入作
法 1 的麵糊，靜置 1 ～ 2 分鐘。
如果擔心煎焦，可以用抹刀掀開
邊緣，但仍須繼續煎整張薄餅，
小心黏鍋。待薄餅底下呈現金黃
色後，翻面繼續煎。把薄餅鏟進
溫熱的盤子，上頭覆蓋烘焙紙。
重複此步驟把麵糊煎完。每片薄
餅折成扁形後，把他們放在溫熱
的餐盤上。

> 夠簡單、夠誇張

❸ 把醬汁材料的蔗糖、橘子汁和檸
檬汁、橘子皮和檸檬皮混合拌
勻。在鍋中加熱融化奶油，緩緩
倒入醬汁，再把柑曼怡酒倒進醬
汁中，並保持溫熱。現在可以點
火，可使用火柴，或把鍋子小心
傾斜靠向瓦斯爐火。火焰點燃
後，燈光轉暗，把醬汁與火焰倒
上作法 2 的薄餅，並立刻上桌。

美味關鍵 Tips

有人說這道料理很復古，但別理他們。法式火焰薄餅仍跟
1890 年代一樣精采刺激，能替餐宴畫下絕佳句點。在點火
之前應先加熱柑曼怡酒，端上桌時記得調暗場內燈光，才能
確保看見藍色火焰。

34 心儀妳的魅力，
四款餐點以妳命名——
蜜桃梅爾巴冰淇淋 Peach Melba

如果一生中有一款餐點是以你的名字命名，你就可以稱得上是位特別傑出的人物，更別說會有兩款了。澳大利亞的知名女高音內莉・梅爾巴夫人，卻有四款餐點是以她的名字命名。

她在薩伏伊酒店房間的病床上所享用的香脆吐司，在本書「梅爾巴吐司」（見第 48 頁）也有記載。其餘的兩款「梅爾巴甜醬」與「梅爾巴松露雞」，就留給其他人去寫吧！這裡只介紹以她名字命名的「蜜桃梅爾巴」這道甜點的來龍去脈。

史上最完美甜點，登上各大飯店菜單

「蜜桃梅爾巴」應該是有史以來最完美的甜點了。在全世界所有著名大飯店的菜單上，都會有這道多采多姿、香甜又好看的美味點綴著。看到香甜多汁的蜜桃搭配著野草莓果泥的這款甜點，我相信你也都會想要偷偷嚐幾口呢！

這樣美好的一道甜點，當然有著與其相稱的偉大序幕。它是由法國名廚奧古斯特・艾斯科菲耶所研製出來的。這位名廚很有創新的頭腦，本書在其他料理裡也提過他。此人不但是烹飪界的天才型人物，同時也是一位老練的商人，經營著非常成功的酒店事業。

▶ 內莉‧梅爾巴與法國名廚奧古斯
特‧艾斯科菲耶私交甚篤，後者
因而以她替好幾道料理命名。

　　1870 ～ 1871 年普法戰爭
期間，艾斯科菲耶在地中海岸
的蒙地卡羅工作，並有幸遇見
了餐旅界的大亨西撒‧麗思。兩
人合夥創辦了許多被人視為傳奇
般的事業。

　　艾斯科菲耶在與麗思合夥後，
先去了巴黎的麗思大酒店服務，然後到倫敦頂級的薩伏伊飯店掌理廚
政，最後又在西撒‧麗思旗下直營的卡爾頓及麗思豪華大酒店參與經
營，兩人皆因此獲利甚豐。

　　所以，在 1890 年代薩伏伊飯店這個耀眼的場所裡，艾斯科菲耶
就已經在重新界定人們的餐飲習慣。內莉‧梅爾巴那時則已經是世界
知名的大歌星，同時也是柯芬園（Convent Garden）與薩伏伊兩處的
常客。

　　梅爾巴在 1892 年底演出極受歡迎的華格納神話歌劇《羅亨格林》
（*Lohengrin*）；在這齣充滿喧囂與魔法的歌劇裡，其中一個角色還變
成了天鵝。

　　梅爾巴當時受到法國紐奧良公爵菲利普王子的追求。他倆經常一
同欣賞歌劇，也常到薩伏伊大酒店的豪華餐廳中享用美食。菲利普王
子為慶賀梅爾巴演出成功，特別為她舉辦了一場極為奢華的盛宴，最
受稱道的大廚當然會受聘負責烹調。

© Mary Evans Picture Library

▲西撒‧麗思（左）打造了數棟聞名世界的飯店大樓。

　　從不令人失望的艾斯科菲耶自然雀屏中選，承辦這場盛宴。飯後甜點，是在冰雕的天鵝背上鋪以奶酪香草冰淇淋，再將柔軟多汁的蜜桃放在冰淇淋的上面，然後再以糖漿淋成賞心悅目的網絡狀。這真是一件不只優雅、更是華麗的傑作。

　　梅爾巴總是擔心吃冰淇淋會傷到她的聲帶，但是艾斯科菲耶很機敏的運用了霜糖脆餅加上水果的作法，調和了吃冰淇淋時候的溫度，使她可以享用這款甜品，又不至於太傷歌喉。

梅爾巴：高檔甜點的代名詞

　　艾斯科菲耶當時把這款甜點命名為「蜜桃天鵝冰淇淋」，幾年後，他為慶祝卡爾頓酒店開幕時，又別出心裁。這次的甜點選單上，他採用了較實際的款式：去掉了冰雕天鵝，加上了紅漿果與野草莓果泥。艾斯科菲耶稱這種佐料為「梅爾巴果醬」，並將搭配這款新果醬的冰品取名為「蜜桃梅爾巴冰淇淋」。

　　他很快的又發現了這款果醬的許多用法──他在 1907 年英譯本的著作《現代烹飪指引》中指出：「多數英國布丁，都可以與用文火煨煮過的水果、梅爾巴果醬或是泡沫奶油一起搭配食用。」他也推薦

在享用草莓、梨子或桃子等類水果時,「梅爾巴果醬」可作為一起搭配食用的佐料。

　　時到今日,從霜糖脆餅到海綿蛋糕等各式各樣的點心,「梅爾巴果醬」都被廣泛用來搭配食用。此種果醬作法簡單,同時可以展示出最好的夏季水果。色澤鮮豔,則是艾斯科菲耶的另一項標記,他喜歡**以色調寬廣的亮麗配料來點綴食盤。**

　　艾斯科菲耶的手藝也被其他廚師密切注意並研究。所以,這款甜品很快的就出現在倫敦及全歐洲同行競爭對手的菜單上,連澳大利亞也很迅速的開始流行這款甜點。在慶賀梅爾巴成功演出的晚宴中,經常也可以看到它的蹤影。

　　梅爾巴的名字,從此與美食分不開了。容許我大膽妄言,知道梅爾巴是款甜點名稱的人,可能要比知道梅爾巴是澳大利亞歌劇女高音的人還多吧!

　　還有件很諷刺的事並不為一般人所知悉,那就是梅爾巴根本不是內莉的真實姓氏;梅爾巴是依據她澳大利亞家鄉墨爾本(Melbourne)而取的藝名。如果依據內莉的本來姓氏,而將甜點取名為「蜜桃米契爾冰淇淋」的話,恐怕就沒有那麼響亮好聽了。

▶ 內莉‧梅爾巴搬演過歌劇《蝴蝶夫人》多次。

蜜桃梅爾巴冰淇淋
建議選用紅桃，
讓顏色在冰淇淋上更鮮豔

材料（4 人份）

- 熟透的桃子 4 顆、砂糖 500 公克
- 香草莢 1 根、野草莓 300 公克
- 糖粉 2 茶匙、檸檬汁少許
- 香草冰淇淋 1 碗

作法

① 將桃子放入沸水中煮 30 秒鐘後冷卻，再去皮暫置一旁。

② 取一深鍋，裝 1 公升水加糖後煮沸。香草莢剖開後，放入糖水中煮沸，再以小火煮上 5 分鐘後加入作法 1 的桃子，繼續煮 6 ～ 7 分鐘直到刀子可輕易的插入桃子中。將桃子從水中取出，完全冷卻後，切半去核。

重點是做草莓果泥

③ 野草莓、糖粉和檸檬汁放到攪拌機快速拌勻後，以篩子過濾殘渣，即為野草莓果泥。

④ 享用時先盛上香草冰淇淋，鋪上作法 2 的桃子後再淋上作法 3 的野草莓果泥。若你有足夠勇氣嚐鮮，可加棉花糖裝飾，不然加杏

© Mary Evans Picture Library

▲ 歌劇夜是一場盛大隆重的饗宴，許多表演者都成為家喻戶曉的明星。

仁片也行；加上數顆野草莓也別有風味。

美味關鍵 Tips

桃子的種類有很多種，白桃雖甜美，但比較適合拿來做雞尾酒。我個人喜歡以更甜的紅桃做這甜點，其橘色的果肉鋪在白色的香草冰淇淋上更顯豔麗。

35 搶救錯誤，
臨場創意翻轉結局——
翻轉蘋果塔 Tarte Tatin

有些食譜會永遠流傳下去，有些飯後甜點會有使人開心微笑的力量。如果菜單上有幾個字，會讓人分散給正餐的注意力，好給肚子留點空間吃飯後甜點的話，那一定會是「翻轉蘋果塔」了。

它的香甜焦黃，會讓你口水直流；它鬆脆的麵殼，一口咬下去的時候，會使你胃口大開，心情舒暢；麥芽糖的香氣，更會引你到魂牽夢縈的歡樂之地。烹飪很難達到完美，但是若有此類美食能讓你訴說的話，「翻轉蘋果塔」將會是一個很好的起頭。

「翻轉手法」，掩蓋烤焦成招牌名點

關於「翻轉蘋果塔」的故事，或多或少皆為餐飲界的人所周知。故事裡有一對名叫史蒂芬妮（Stéphanie）與凱洛琳·塔婷（Caroline Tatin）的姐妹花。她們

▶ 塔婷旅店如今依然矗立街頭，而且成
　為美食圈知名的景點。

兩人在 1880 年左右，於法國中部
索洛涅（Sologne）地區的小鎮拉莫
特伯夫龍（Lamotte-Beuvron），開了
一間小旅館。

© Mary Evans Picture Library

▲ 巴黎美心大酒店將翻轉蘋果塔放進自家
的菜單，也讓這道料理從此留名。

在 19 世紀末葉的時候，法國的
飲食常反映出當地的風土特色：食材
充滿了生鮮味，野豬肉搭配著野菜，
加上新植林地裡現採的園中果類。獵人
在狩獵的季節裡，會帶著各型大槍來打
各種類小鳥，然後投宿於「塔婷旅店」
中盡情的吃喝痛快。沉穩的凱洛琳負責
外場接待，脾氣急躁的史蒂芬妮則負責
廚房的工作。

烹飪學者至今都還在爭論，為什麼史
蒂芬妮會把傳統的蘋果派烤成了一個上下翻轉的奇特模樣。某些學者
相信，那是一個全然的錯誤所造成的。另有一些學者則認為，那是一
項**對蘋果食材燒焦後的偉大救援工程**。

所有的廚子都知道，做菜進度跟不上出菜時間表的慌亂會是什麼
樣子。因此不難想像，當史蒂芬妮知道出菜時間緊迫時，會慌忙的將
爐火升起，攪拌好蘋果與常用的奶油與糖，送入烤箱之後就去忙別的
事了。

我們不確切知道究竟發生什麼事讓史蒂芬妮分心了，但我們知
道，燒焦的氣味一定會引起她的注意。蘋果醬料燒焦後不能做出按原
來計畫的甜點。一轉念，史蒂芬妮便抓起麵糰，揉搓出麵餅餡殼，試
著在燒焦的部位上面放些食材，看看能不能挽救些什麼。

　　在法國索洛涅地區，其實早有食材包餡露放在糕餅表層的這類「翻轉布丁」之歷史傳統。偉大的法國名廚馬利安東尼・卡瑞蒙，在一百多年前也曾提到過某種在蛋糕表面鋪蓋蘋果切片，稱為「翻轉奶油大蛋糕」的甜點。因此，史蒂芬妮的即興之作，或許早有用「翻轉手法」可以讓食物起死回生的念頭。這種看法，應屬全然可信的。

　　史蒂芬妮預期燒焦的蘋果食材應會被搶救回來，但她絕不會料想到人們對這款熱騰騰剛出爐的新產品反應將會如何。出乎意料之外，顧客真的很喜歡，後來，這款甜點竟成了兩姐妹旅店的招牌名點。然而，法國偏遠林地小鎮中的一款蘋果塔，究竟是如何變成世界上最受歡迎的知名布丁呢？

　　哦，就如本書中所描述的許多食譜一般，史蒂芬妮的「翻轉蘋果塔」吸引了許多人的仿效。但是，它是如何在巴黎成名的故事，卻定然不是真的。巴黎首屈一指的美心（Maxim's）餐廳，以及後來酒店的繼承人路易斯・福德堡（Louis Vaudable），曾經說了一個刻意造假的故事。他說自己曾在莫特伯夫龍地區狩獵，無意中發現並愛上了這款水果塔後，便偽裝成「塔婷旅店」的園丁，設法偷出了製作「翻轉蘋果塔」的祕方——如果說是僱傭密探打扮成園丁的話，則會更令人相信。可惜這個故事，只是一位美食名廚對原作品出處與對其改良後的一種自圓其說罷了。

　　因為當塔婷姐妹在 1906 年退休時，路易斯只有 4 歲而已。直到1923 年，他的父親屋大維才繼承了巴黎的美心餐廳。無論如何，在1930 年代裡的某個時間點裡，「翻轉蘋果塔」已經出現在美心餐廳的菜單上了，而且自此始終占有一席之地。

你也可以翻轉櫻桃、番茄、橄欖等口味

美心餐廳將發明這款甜點的榮譽歸給了塔婷姐妹——塔婷姐妹自己卻稱這款甜點為「索洛涅水果塔」，這是依據她們家鄉的名稱而有的命名——「翻轉蘋果塔」（Tarte Tatin）的名稱就誕生了。

美心餐廳對「翻轉蘋果塔」的正式認可，確保了這款甜點在美食歷史中的地位（在美國則是與著名的烹飪家茱莉亞‧柴爾德的推薦有關），而「翻轉蘋果塔」成名之後的演化也很快速：你會吃到「翻轉櫻桃塔」，也會吃到番茄與橄欖製成的鹹口味翻轉塔。**各種翻轉塔原先都使用薄殼麵皮**，有些人卻力主使用鬆軟的泡芙皮來製作，會更好吃一些。

我喜歡蘋果口味加上泡芙皮所烤製出來的產品。幸運的塔婷姐妹使用當地土產的法國「小皇后蘋果」，讓口感更好。但是，小皇后蘋果在我居住地區的一般蔬果雜貨店裡卻不易購得。為求質地良好、口感舒適，我喜歡使用英國生產「考克斯」品種的紅蘋果，或澳大利亞「史密斯婆婆」品種的青蘋果作為首選材料。

多年以來，除了用料產地的不同之外，自從第一塊「翻轉蘋果塔」出爐以後，其天堂般的美味，幾乎都沒有多大的不同之處。

© Bridgeman Art Library

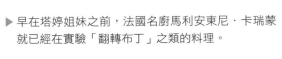

▶ 早在塔婷姐妹之前，法國名廚馬利安東尼‧卡瑞蒙就已經在實驗「翻轉布丁」之類的料理。

翻轉蘋果塔
別把糖漿煮過焦，以免產生苦味

　　此處為大家介紹的「翻轉蘋果塔」，可能是本書中最有名的一道經典之作。在做此甜點時，要注意在加蘋果前別將糖煮糊了。因為過焦的糖漿會帶來苦味，而你要的可是由濃郁麥芽糖香所帶出的整個蘋果塔之美好滋味。

學會這個，所有人都愛你

材料（6 人份）

- 「考克斯」紅蘋果或「史密斯婆婆」青蘋果 6 顆
- 奶油 100 公克
- 黃砂糖 100 公克
- 純奶油製的泡芙皮 375 公克

作法

❶ 前一天，先將蘋果去皮去籽後，放置冰箱冷藏，冷空氣有助蘋果變脆。蘋果雖會變黃，但不致影響成品。

❷ 取一直徑 20 公分的錫烤盤或耐高溫的淺鍋，放進奶油以中火融化。再加入糖後慢慢的攪和使糖溶入奶油中。變深色後，加入作法 1 的蘋果，將核心朝上。煮約 10 分鐘直到蘋果變軟後關火。

❸ 小心的把泡芙皮展開後，以叉子在泡芙皮上戳細洞讓空氣流入。切成比烤盤略大的圓形後覆蓋在作法 2 裝滿蘋果的烤盤上，並將多出的泡芙皮折回烤盤邊，放入已預熱至 220 ℃的烤箱中烤 25 分鐘，最後的 5 分鐘多注意泡芙皮不要烤焦。烤至金黃色時，便從烤箱中取出，接著置於室溫中 1 分鐘。

❹ 續作法 3，用刀將烤盤邊緣劃鬆，再將另一新盤置於烤盤上，新盤倒置後此時蘋果餡便朝上。這翻轉需要技巧，有信心的話你會成功的。

❺ 將作法 4 的蘋果塔趁熱切片搭配冰淇淋享用。此蘋果塔最適宜趁新鮮有酥脆感時，盡快送入五臟廟中。

36 灰姑娘晉身貴族，
莫忘出身——
巴騰堡蛋糕 Battenberg Cake

任何人，無論老少，一看到黃色與粉紅色格子相間的「巴騰堡蛋糕」，都會笑逐顏開——外層裡有香甜的杏仁糖衣，再加上內層有杏仁醬味的海綿蛋糕，著實誘人。

它的故事，可以追溯到兩百多年前；它成為超級市場架上的商品，迄今也已有半個世紀。它那棋盤格子的迷人魅力，是早期製作花俏糕餅的典範。

直到今日，無論是把它單獨擺在素淨的白盤子裡，還是配上一壺茶，加上些硬碎花奶油或法式捲曲薄脆餅乾，滋味都一樣的讓人陶醉。從某些方面看來，「巴騰堡蛋糕」又具有獨特的英國特色——因為在英國以外的地方人們很少見到它，而且它是在一場英國皇家婚禮中所誕生的。

不能對外張揚的皇族聯姻

因為貴賤聯姻的緣故，導致舊德意志大公國其中的一房血統不純，只好另行設立所謂的「巴騰堡家族」（Battenberg Family）。大公國的王子亞歷山大，領有黑塞與萊茵區的封地，卻娶了地位不相襯的女子為妻。為使王子妃在社交上不過於尷尬，她被允許自稱是「巴

騰堡女伯爵」。1858 年，她又被晉升為公主
銜，雖然巴騰堡從來就不曾是一個能有公
主銜的「大公國」。

　　後來，巴騰堡家族成員因與歐洲各國
皇室聯姻之故而分處各國。英國的維多
利亞女王是位牽紅線的高手，在 1862 年
她成功的讓女兒愛麗絲嫁給了黑塞家族
裡的一位大公爵。

　　20 年後，女王從愛麗絲的女兒
（也就是自己的外孫女）──黑塞家
族的維多利亞公主身上，看到了加強
與德國關係的機會。女王希望在英國
海軍服役的德裔親戚路易斯──也就
是巴騰堡第一代女伯爵的兒子，接受這
項促進兩國關係的「榮譽」使命，負責
迎娶女王的外孫女，也就是路易斯的姪
女──黑塞家族的維多利亞公主。

　　但是公主的父親卻強烈反對這樁婚
姻。巧的是，他自己要迎娶一位只有平民
身分的情婦，婚期竟然與女兒要嫁給路易
斯的日子同一天──公主的父親後來還是
取消了他與平民情婦的婚約。

　　結果在 1884 年 4 月 30 日德國的達姆
斯塔特（Damstadt）城中，有一場小型的
皇室婚禮悄悄的進行著。雖然每場婚禮都

© Mary Evans Picture Library

▲ 維多利亞女王的女兒 ── 愛麗絲公
主，和她的丈夫 ── 黑塞家族的大
公爵路德維希四世。

© TopFoto

▲ 里昂街角茶館過去大受歡迎，就有販
售巴騰堡蛋糕。

有結婚蛋糕，但這場婚禮有了後來知名的「巴騰堡蛋糕」。皇家婚宴的廚房烘焙出這款燦爛奪目的傑作。粉紅色與黃色的格子蛋糕，像是能吃的巴騰堡軍服；包裹著香甜杏仁核與杏仁蛋白軟糖的海綿蛋糕，被切成小薄片等人來享用。而每一盤多采多姿的格子蛋糕，應該都會讓人聯想到這對皇室伉儷的出身。

另有一個理論，認為此款粉紅色與黃色四格交錯的蛋糕，象徵著新郎與他的三兄弟。然而，沒有任何官方說法能證實這個理論，並且也沒有人認為，設計蛋糕的靈感來源會與王子們有關。

© Mary Evans Picture Library

▲ 到 1935 年時，里昂街角茶館已經席捲整片大英國土，女服務生忙著送蛋糕給飢腸轆轆的客人。

婚後，德籍的路易斯王子仍留居英國，後來還高升至英國皇家海軍大臣的位置。但是，第一次世界大戰在 1914 年爆發後，他卻被迫辭職了。大戰導致英國人民的反德情緒，尤其是在歐洲西線戰場與德軍作戰的慘烈新聞傳回英國之際，很少人會坐下來享用一片聽起來像是德國名稱的蛋糕。最後，英國的巴騰堡家族也把自己的名稱英國化了。

在 1917 年，路易斯王子終於決定斷絕與德國黑塞家族的關係，並接受英國「米爾福・海文侯爵」（Marquess of Milford Haven）的封號，家族的名稱也改成了英文拼法的「蒙巴頓」（Mountbatten）。

因反德拒吃，但色彩豔麗再度流行

　　大戰後許多年裡，巴騰堡蛋糕在英國始終沒人喜愛，也不受歡迎。直到 1938 年「里昂茶飲公司」決定將業務伸入糕餅製造後，才開始了一段該公司與巴騰堡蛋糕的親密關係。「里昂街角茶館」受到極大的歡迎，裡面總是擠滿了吃糕餅與飲茶的人潮。

　　基於合理的商業考量，里昂公司開始大量製造糕餅，並直接賣給各地更多的消費人群。巴騰堡蛋糕在一開始銷售時，便廣受歡迎，人們早忘記了它與德國的淵源，色彩豔麗的蛋糕重新在英國出現，使得午茶時光也變得更不一樣。

　　蛋糕生意盛極一時，里昂公司的糕餅運貨車穿梭在英國的大街小巷、鄉村腹地，源源不斷的補足各處店家的糕餅現貨。然而，好景不長，到了 1960 年代，事業中落；經營權慢慢的落入外人之手，最終由齊普林公司取代了里昂公司的糕餅事業。

　　其他國家對食用色素嚴苛與繁複的管制，限制了巴騰堡蛋糕席捲全球市場的機會，然而英國孩童吃巴騰堡蛋糕時，刮取表層杏仁糖衣與剝開內層格子時的興奮表情，仍與他們的父祖輩無異。在賣午茶的餐車裡，或擺在三層腳架上的其他糕餅，都絕不會有巴騰堡蛋糕那樣獨特的風味。

▶ 年輕時的維多利亞女王，後來她成為了皇室家族的月老。

巴騰堡蛋糕

如果不想用食用色素，可改用甜菜粉

 材料（4～6 人份）

- 融化奶油 100 公克
- 黃砂糖 100 公克
- 自發麵粉 100 公克
- 碎杏仁 50 公克、發粉 1/2 茶匙
- 全蛋 2 顆、香草精 1 茶匙
- 粉紅色食用色素 2～3 滴
- 優級杏仁果醬 250 公克
- 杏仁膏 225 公克（也可買現成的）、霜糖粉少許

 作法

❶ 取一長寬各 20 公分的正方形烤盤，再取一張尺寸比烤盤大 5～6 公分的烘焙紙，將烘焙紙鋪在烤盤上，並在烘焙紙的中央摺一摺，高到足以將烤盤分成兩半。

❷ 取一大碗，放入奶油、糖、麵粉、碎杏仁、發粉、蛋和香草精，以電動攪拌器拌勻。注意奶油一定得軟才能達到均勻平滑的效果。用抹刀將碗中一半的麵糰倒入作法 1 烤盤的一半。

❸ 續作法 2 的麵糊，加幾滴粉紅色

> 可以用天然色素讓蛋糕變為粉紅色

食用色素拌勻後，倒入另一半，並以刀抹平麵糰表面，同時注意中間的摺仍呈直線，將烤盤一分為二。放入已事先預熱至 180 ℃的烤箱烤 30 分鐘，或用叉子戳入試試，若叉子不沾任何麵糰即可拿出烤箱。將蛋糕放在架上散去熱氣。

❹ 把蛋糕切成 4 份（粉紅、乳黃色各 2 份）一樣大小的長條狀。將粉紅色的疊在乳黃色上，中間抹上杏仁果醬以便黏合。重複一次後，再以杏仁果醬將兩份（粉紅與奶黃合成品）左右固定。請注意排成像棋盤的樣子，讓粉紅及奶黃色相互交替，並在蛋糕上面再抹些果醬。

> 酥皮蛋糕 !?

❺ 把杏仁膏糰揉成比蛋糕大一點的長方形，厚約 0.5 公分。把蛋糕四周抹上果醬後，像包禮物般將蛋糕包在中間，多出的杏仁膏糰，沾些水讓杏仁膏緊緊包住中間呈棋盤排列顏色的蛋糕。記得把接縫朝下，在上方撒些白霜糖粉裝飾就大功告成了。切片後，配上一壺茶，保證一掃下雨天的煩悶！

美味關鍵 Tips

做這道甜點的方法多著呢！
但我發現最容易的是英國女
王瑪麗的作法。教你一妙招
打發雨天的午後──如果不
想用食用色素而又剛好有甜
菜粉的話，不妨親手做做巴
騰堡蛋糕吧！

37 勇敢打破權威， 我能把圓的變方的—— 歌劇院蛋糕 Opera Cake

　　如果你有機會路過巴黎的糕餅店，並停下來欣賞櫥窗內的展示，你應該就會知道什麼是「歌劇院蛋糕」了。這款**厚厚的四方形巧克力咖啡海綿蛋糕**，常擺在店內櫥窗中最顯眼的地方。

　　漩渦狀的奶油蛋白酥皮，搭配著杏仁脆餅與成堆的小糖飾，擺在海綿蛋糕的最上層，使它那厚重方形的整體造型，襯托出一種強烈的對比之感。

© Mary Evans Picture Library

▲ 香緹麗堡在 17 世紀時是許多奢華派對的場地。

明暗有序的薄海綿片砌成的蛋糕內層，展現出三百年來法國糕餅界極其美麗精巧的技藝。

「歌劇院蛋糕」正式出現在 60 年前，但它的故事卻可以追溯到更久遠的 1682 年，法皇路易十四的宮廷裡。

法皇路易十四一吃就上癮

法國「波旁王朝」（Maison de Bourbon，一個在歐洲歷史上曾斷斷續續的統治部分歐洲國家〔包括法國、西班牙等〕的跨國王朝）孔代族系的王子路易，是法皇的遠親，也是一位戰爭英雄。他的軍事才能，為他又贏得了「偉大孔代」的稱號。他的地位使他能過著優渥的生活。退休的那天，他在巴黎北郊的香緹麗（Chantilly）城堡中，舉辦了一場豪華盛宴與園遊會，邀請了許多藝術家、神職人員與王公大臣們共襄盛舉。

在當時的法國，這真是一個極為壯觀的時刻：更血腥壯觀的法國大革命，還要在一百年以後才會爆發。在「偉大孔代」的廚房裡，供應著法國最精緻可口的餐點。但是，譽滿天下之餘卻也有不為人知的一面。做事極為認真的總領班弗朗索瓦·瓦德勒（François Vatel，以發明生奶油〔一種香草甜奶油〕而聞名），為了一場晚宴的魚鮮姍姍來遲而自殺了。

在 1682 年，該廚房最大的亮點，是糕餅師傅查理·達盧艾歐（Charles Dalloyau）。法皇路易十四是路易王子煙火盛宴中的常客。有一次，在這樣的盛宴中，廚房供應了一些點綴著蔬果魚鮮又小巧精緻的美味餐包，居然吸引了品味高雅、講究美食的法皇注意。

　　法皇立即下令做這款餐包的廚師前來謁見。轉眼之間，法皇就把這位廚師，調到凡爾賽皇宮的御膳房去擔任新職了。廚師達盧艾歐在凡爾賽皇宮中度過了他的餘生，且祖孫三代都在宮中服務。他們的名氣，可由他們的正式官銜「御用美食官」看出來（法文直譯，則是較不耀眼的「嘴巴官員」）。

　　「御用美食官」是法國美食界的最高榮銜。任職宮中的**達盧艾歐及其後代子孫，甚至在法皇御前，都被允許佩劍**——這在當時很多人都想取路易十四的腦袋的狀況下，這種殊榮的確罕見。

法國大革命後，貴族御用甜點平民化

　　老查理好幾代以後的曾孫尚・白蒲緹斯・達盧艾歐（Jean-Baptiste Dalloyau）在 1789 年法國大革命爆發時，被革去了所有的官銜。於是他在巴黎著名的「聖奧諾雷市郊路」開張了第一家降為平民後的「**達盧艾歐糕餅店**」。該店迄今仍在營業。

© Mary Evans Picture Library

　　巧的是，天主教的「聖奧諾雷主教」（Saint-Honoré）剛好也是法國糕餅業師傅的守護聖人。1903 年烹飪博覽會在巴黎舉行，首先推出類似配料、口味鬆軟的這款歌劇院蛋糕的名廚，據說是業界的競爭對手廚師路易・克里奇（Louis Clichy）。但是，真正使歌劇院蛋糕與店東達盧艾歐一樣出名的，則是該店主任西里亞克・蓋維

◀聖奧諾雷主教（也被稱為聖奧諾雷斯）是所有烘焙師傅和糕餅廚師的守護聖人（按：法國的麵包節就是在聖人的慶日 5 月 16 日前後舉行）。

龍（Cyriaque Gavillon）在 1955 年推出的作品。

　　蓋維龍想製作出一款樣式新穎的蛋糕。在此之前，無論是採用填充、綴花、塗裱糖霜或堆砌層次來製作蛋糕，它們共同的特色就是──都是圓形的。

　　而蓋維龍卻想**改變蛋糕的形狀**。他想要做出方形的。聽起來好像沒什麼了不起，可是做起來卻不簡單。他需要無比勇氣以脫離法國美食界的規範，這種幾世紀以來由名廚如艾斯科菲耶等人立下的烘焙規矩，至今仍普遍受人敬重與喜愛。

▲巴黎歌劇院的建築風格啟發了廚師，製作出層層交疊的歌劇院蛋糕。

　　蓋維龍也想製作出咬第一口時，就能品嚐到所有用料香味的蛋糕。他把細片狀的「喬孔德」（Joconde）海綿杏仁蛋糕浸在咖啡中後，再加入咖啡奶淇淋與甜巧克力奶油醬。

　　雖然蛋糕的高度只比原來一般的高出幾公分，但其中的夾層數目卻多出了將近一倍之多。它的外形美觀、滋味醇厚，都令人驚豔。擺在櫥窗中也顯得輕巧又精緻，增添店內風光。

　　新出爐的蛋糕，看起來就像鄰近的巴黎歌劇院。所以，蓋維龍的妻子與另一位店主任就把這款新品命名為「歌劇院蛋糕」了。此款蛋糕已被視為**法國糕餅業製作技藝的高峰**，蓋維龍的糕餅店也成了外來遊客的必訪之地。只有自以為是的莽撞遊人，才會錯過。

　　本書的「歌劇院蛋糕」食譜，也能領你到該去的地方。但只有你自己的巧手，才能掌握奧妙，做出這款也許是最完美的蛋糕來。

歌劇院蛋糕
這款層層分明的蛋糕，超吸睛

 材料（4～6 人份）

杏仁海綿蛋糕部分

- 麵粉 2.5 湯匙、霜糖粉 75 公克、碎杏仁 75 公克、全蛋 3 顆、蛋白 3 顆、無鹽奶油 15 公克（融化後冷卻）、砂糖 1 湯匙

巧克力奶油醬部分

- 高級無糖巧克力 100 公克（剁碎）、牛奶 60 毫升、鮮奶油 30 毫升
- 濃奶油（thick cream）55 毫升、軟化過的無鹽奶油 5 公克

鮮奶油部分（butter cream）

- 砂糖 70 公克、蛋白 1 顆、即溶咖啡 1 湯匙溶入沸水 1 茶匙、無鹽奶油 100 公克（軟化後待用）

咖啡濃漿部分

- 糖及咖啡各 1 湯匙半溶入水 90 毫升

 作法

❶ **杏仁海綿蛋糕的部分**

預熱烤箱至 220℃。把烘焙紙鋪在 20 公分寬、30 公分長的烤盤。在碗中把 2 顆蛋打散，並加入篩濾過的麵粉、霜糖粉及碎杏仁拌勻。再一次放一顆蛋至碗中，續調成淺白色後，再加上已融化的奶油調和成麵糊。

另一碗中將三個蛋白打發後，邊加糖續打至泡沫呈高峰狀。加入 1/3 的蛋白泡沫到麵糊內混勻，再倒入剩下 2/3 的蛋白泡沫完全調勻。

接著，倒入烤盤抹勻後，烤 6～8 分鐘，或呈金黃色且有彈性，取出。用刀把烤盤四周劃鬆後，將蛋糕置於烤架上散熱、並以烘焙紙蓋住。

> 重點是巧克力和鮮奶油的作法

❷ **巧克力奶油醬的部分**

把牛奶和鮮奶油在鍋上煮沸，倒入已裝有碎巧克力的防熱碗中。等 30 秒鐘後，再加上濃奶油調勻至平滑的巧克力奶油。置室溫冷卻到可塗抹的稠性。

❸ **鮮奶油的部分**

取一淺鍋，放入糖和 3 湯匙水調至糖完全溶於水後，煮至呈軟糖漿狀（116～118℃）。在另一碗中，將蛋白打到高峰泡沫狀，邊打邊倒入熱糖漿直到變涼。再加進咖啡和奶油充分拌勻後即可。

④ 將作法 1 的海綿蛋糕切成三等份（10 公分寬、30 公分長），並小心的把烘焙紙撕開。第一份蛋糕浸在 1/3 的咖啡濃漿後，再抹上 1/3 作法 3 的鮮奶油。第二份蛋糕以 1/3 的咖啡濃漿浸溼，再抹上 1/2 作法 2 的巧克力奶油醬後，疊在第一份蛋糕上。最後一份蛋糕，以剩餘的咖啡濃漿浸溼，再抹上剩餘的鮮奶油確保表面平滑後，疊在第二份蛋糕上。最後，冷藏至鮮奶油固定成型。

⑤ 把剩餘的巧克力奶油醬置於防熱碗中隔水，和剩餘的奶油加熱後混勻，待冷卻後，抹在作法 4 的蛋糕最上方，即可。

38 那聖潔皺褶底下，
包藏幾層感官刺激？——
瑪德蓮蛋糕 Madeleines

瑪德蓮蛋糕也許沒有精緻的糖衣，或搭配漂亮可口的蛋白霜糖酥皮，但是以它配上一杯濃黑的歐式咖啡品嚐，或把它掛在法式甜酒沙巴庸（Sabayon）的杯口上享用，都極相稱。

瑪德蓮蛋糕象徵著法式餐點令人喜愛的魅力。製作它，需要糕餅師傅高超的手藝，才能讓一塊清爽柔潤的海綿蛋糕，有著烘焙師傅精心燒烤出來的焦黃顏色與脆邊。

© Mary Evans Picture Library

「瑪德蓮蛋糕」一定得趁熱吃。店家通常會將之保溫。但要像講究完美的巴黎人，把它放在手掌心上，而能感受到它的溫度，才算是新鮮的好貨。瑪德蓮這個名稱，自然會讓人聯想到，有著白色瓷器般水嫩肌與眼神流露出春意蕩漾的法國少女，使這已然美好的海綿脆邊糕餅，更能提升到一種超越現實的高度。

◀法皇路易十五會在派對中，以瑪德蓮蛋糕宴客。

　　毫無疑問，法國小說家兼散文家馬賽‧普魯斯特（Marcel Proust），是最愛吃瑪德蓮蛋糕的知名人物。在他最重要的作品《追憶似水年華》（於1913～1927年間在法國陸續出版七冊）中，瑪德蓮蛋糕是一種象徵，它總是可以立即喚起強烈的記憶，不費吹灰之力或任何言語。

　　此款蛋糕的香味與口感，就會立刻將他帶入遙遠的過去，並永遠的鏤刻在潛意識裡。在普魯斯特賦予瑪德蓮蛋糕文學氣韻之前的一個世紀裡，這款甜點的故事早就已膾炙人口了。

© AKG Images

▲ 小說家馬賽‧普魯斯特發現瑪德蓮蛋糕能幫他喚醒童年記憶。

經典作品出自誰手？烹飪之王、女廚瑪德蓮、修道院修女……

　　讓我們思緒飛到知名外交家「塔里宏‧佩里哥之查理‧莫禮」（世人皆以「塔里宏」稱呼的 Charles Maurice de Talleyrand-Perigord）的豪華廚房裡。他也是法國歷來最偉大的美食家之一。塔里宏以喜好美食著稱，自然會聘請法國烹飪之王馬利安東尼‧卡瑞蒙來負責他的膳食。

　　然而，真正引起法國糕餅界騷動的，卻是幫忙改善卡瑞蒙廚藝但名不見經傳的另一名廚師尚‧阿維斯（Jean Avice）。阿維斯是製作糕餅的大師級人物。他用糖做材料，製作出歷史性的古典建築，一如藝

▲世界首批美食家之一 ── 塔里
宏，他在 18 世紀時舉辦的饗宴在
法國貴族之間廣受稱道。

▲法皇路易十五在招待往來宮廷的
皇室貴族時，可能也因此提升了
瑪德蓮的知名度。

術精品，擺在店內櫥窗展示。他的糖雕藝術，也使得外交家塔里宏的
宴會，成為法國最受稱道的場合。

　　當時流行在豪華宴會的大餐桌上，打從開始就擺滿了一道道所有
要上的佳餚。在這種美不勝收的展示裡，各類裝飾漂亮的肉凍是餐桌
中央的主要擺設。所以，阿維斯如果選擇使用做肉凍的扇貝模具，來
烘焙他鬆軟清簡的海綿蛋糕，似乎也是一件順理成章的事。

　　這是我們目前所有關於這道甜點的知識，明白它是如何成為巴黎
糕餅店櫥窗裡的中心擺設，卻沒有解釋為何將它取名為瑪德蓮。

　　某些烹飪史家認為，其實食譜早在半個世紀前就有了，它是一個
名叫瑪德蓮・普密兒（Madeleine Paulmier）的女廚師所發明的。她為
斯坦尼斯羅・勒斯廷斯基（Stanislas Leszczynski） ── 流亡到洛林
大公國的波蘭國王工作。

更可靠的說法是認為，這位流亡的國王迷戀當地村落中的一個女廚子瑪德蓮，不但愛上了她，也愛上了她所作的扇貝形蛋糕。也有可能是當地聖瑪麗‧德蓮修道院（St. Mary Magdalene）中，修女們的作品。

無論如何，斯坦尼斯羅國王的女兒瑪莉，後來嫁給了法皇路易十五，瑪德蓮蛋糕就出現在凡爾賽皇宮裡，流傳到整個巴黎，也成為**法國皇帝偏愛的美食**。

聖潔的皺褶底下，包藏多少感官刺激？

當然，還另有一種可能。那就是整個 18 世紀，早就有一種類似扇貝形狀的小海綿蛋糕，只是並不廣為人知罷了。食譜到處流傳，大師傅們也總是在觀察與學習並設法改善產品。

在斯坦尼斯羅國王與路易十五之後的一個世代中，阿維斯採用手頭上的工具，改進並製作出瑪德蓮蛋糕一事，應是相當可信的看法。而絕對可信的則是，阿維斯做的蛋糕看起來漂亮，尤其是剛剛出爐的，絕對大受歡迎。

無論你相信哪一個故事，一旦馬賽‧普魯斯特寫出了人們對瑪德蓮蛋糕的感受時，它在美食萬聖廟中的地位就已然確立了。法式廚藝的方方面面，都是足堪自豪的（蛋糕也不例外）。

只有精湛的手藝，才能做出道地的法國美食。所以難怪馬賽‧普魯斯特描寫這款蛋糕時說道：「這小小的扇貝形蛋糕，在那嚴肅聖潔的皺褶底下，包藏了多少豐盛的感官刺激。」

嚐過瑪德蓮蛋糕以後，你將會有什麼樣的評價呢？

瑪德蓮蛋糕

黃砂糖是影響麵皮的成敗關鍵，
每一步驟動作要快

材料（12 人份）

- 無鹽奶油 125 公克，再多準備一些用來抹在烤盤上
- 黃砂糖 100 公克，過篩
- 碎杏仁 40 公克
- 麵粉 40 公克
- 蛋白 3 顆，打勻
- 橘子擠碎 1/2 顆
- 鹽少許

作法

❶ 以中火將奶油融化，一旦開始冒小泡便從爐火拿開，暫置一旁。

❷ 取一大碗，放入糖、碎杏仁、麵粉，再加入蛋白。把作法 1 仍有點餘溫的奶油一次倒入碗中，再加些碎橘子和鹽，徹底拌勻後，蓋上保鮮膜放至冰箱冷卻 1 小時後取出。

❸ 如果用的是易沾麵糰的烤模，就抹些奶油撒些麵粉，這樣蛋糕才可輕易完整的倒出。把瑪德蓮扇貝形烤模一一填滿作法 2 的麵糊後，放回冰箱至少 30 分鐘。

> 邊邊脆、外殼酥、中間鬆軟，小小一塊，三種口感

❹ 將作法 3 的烤模從冰箱取出，放入已預熱至 180℃ 的烤箱烤 10 ～ 15 分鐘，或變硬定型呈淺金黃色。從烤箱取出後，倒出烤模、放在烤架上冷卻 3 ～ 4 分鐘，這幾分鐘剛好讓你煮上一杯咖啡搭配瑪德蓮。

美味關鍵 Tips

成功做出瑪德蓮蛋糕會讓你有一份滿足感，它的美味更不在話下。對我來說從它的脆邊便可看見廚師的功力，而黃砂糖也會影響那小小麵皮，可別小看麵皮，它可是整個蛋糕成敗的關鍵。你可嚐嚐剛出爐的瑪德蓮，若想把它塑造成甜點中的傑作，就試試沾些帶酒的奶黃醬一起吃！

39 澳洲「自己的」名產，
孕育獨立精神——
林明頓蛋糕 Lamingtons

　　如果有一款點心是以你自己的名字命名的話，你一定會認為那會是畢生的榮譽。但再想想，那款以你名字命名的點心，卻是你最討厭吃的；而且在令人不快的政治爭鬥場合中，這款點心每次都被端出來讓你被迫吃它的話，不知你又會做何感想？

巧克力椰子蛋糕，澳洲的國家標記

　　這種事情就正好發生在「林明頓男爵二世，查理·華里士·亞歷山大·拿庇爾·科可蘭·貝里」（Charles Wallace Alexander Napier Cochrane-Baillie, 2nd Baron Lamington）的身上。在1901年為了慶賀林明頓爵士對澳大利亞的昆士蘭地區所做出的貢獻，一款小小的巧克力椰子蛋糕就被端出來招待賓客了。

▶ 林明頓男爵，以他名字命名的蛋糕上頭撒了滿滿的椰子粉。

　　林明頓蛋糕製作方式簡單，使用奶油、雞蛋、砂糖等材料製作出典型的海綿蛋糕後，淋上巧克力糖衣，再撒點椰絲在上面，就算大功告成了。它經常被切成小方塊狀端出來供人享用，而且如今它已經成了一種澳大利亞的國家標記。

　　幾乎所有的澳大利亞人都知道如何製作這款點心，紐西蘭人甚至聲稱那是他們的發明。（很少澳大利亞餐點能有這種殊榮！）時至今日，林明頓蛋糕已成為澳大利亞的國家級蛋糕，每年的 7 月 21 日還是它的國慶日呢！

　　故事再轉回到林明頓男爵身上。他在 1896 年擔任澳大利亞昆士蘭的總督時，澳大利亞正經歷有史以來最大的政治變動：成立聯邦政府。澳大利亞的六個自治領即將合併成為一個完整的國家。林明頓的首要工作是須確保昆士蘭地區在新成立的聯邦政府中，依然有法定發言權。

　　這意味著不斷的開會、談判協商、籌劃、草擬文件，以及最後正式簽定聯邦憲法。我們知道在政治圈中，政客的任何集會都需有晚宴招待，尤其是當重要決議即將達成的時候，更是如此。很多人都對快要成立的新聯邦政府有意見，因此倉促之間就舉辦一場盛宴，也並非不尋常。

　　不速之客往往又是廚師最頭疼的難題。林明頓的法國廚師阿曼‧嘉蘭（Armand Gallad），有次就遇到了這種緊急的狀況：他手頭上已經沒有新鮮的奶油了，而且製作任何水果甜點都須大費周章，但時間根本不允許。

　　他自己雖知椰子的異國風味，用來做糕餅的材料會是個賣點；但把用剩的海綿蛋糕，加上巧克力糖衣、撒上椰絲，是否真能做出受歡迎的甜點？結果，甜點大受歡迎。

蓬鬆鬆、毛茸茸，林明頓自己根本不愛

那晚，幾乎所有的賓客都要求，把如何製作這款甜點的食譜帶回家去。新聯邦的澳大利亞人民，也熱切希望擁有屬於他們自己的知名土產，而這款看起來**毛茸茸的蛋糕**，恰好符合了他們的需求。

這款以林明頓總督命名的蛋糕，很快的為人所周知。但他自己卻從來沒有像在政治上成功時的喜悅一般，真心喜歡過這款甜點。他甚至很過分的稱這點心是「過分蓬鬆鬆、毛茸茸的餅乾」。

在正式訪問以他名字命名的「林明頓大國家公園」的途中，他甚至還曾要求司機中途停車，為的只是讓他當場射殺一隻毛茸茸掛在樹上的無尾熊！

在 1902 年，澳洲《昆士蘭人日報》刊登了一份蛋糕食譜，雖沒採用林明頓蛋糕這個名稱，卻是此款蛋糕第一份可考的紀錄。依據 1910 年以前的所有食譜所製作出來的蛋糕，都是一整大塊裹上巧克力糖衣，再撒上椰絲配料。直到後來才演變出小方塊形。

此款蛋糕真正聯繫上林明頓爵士的大名，要等到 1933 年澳大利亞《佩斯週日時報》上的「食譜榮譽榜」中才正式看見。澳洲教授莫里斯‧法蘭西（Maurice French）的研究報告，又使得這個故事產生了曲折。

依據他的研究報告，一名叫做安‧修兒（Ann Shauer）的烹飪老師，似乎在 1904 年就已發表過一份非常像是這款甜點的椰子海綿蛋糕食譜。修兒女士是位受人敬重的作家，她所開設的烹飪班裡，就有一名稱作「林明頓夫人」的學生。

因此，法蘭西教授相信，這款蛋糕是林明頓夫人烹飪老師的創作，並且是因著夫人、而非她先生的緣故而命名的。

成為募款蛋糕，靠它籌錢做善事

　　時至今日，林明頓蛋糕幾乎成了無所不在的「募款蛋糕」。尤其是在街頭的濟貧募款派對裡，或靠販售它來籌錢做各種善事時，都可見其蹤影。它不像其他泡沫奶油類的餐點那樣，在乾熱的氣候中容易腐壞，這可能也是它在澳大利亞廣受歡迎的原因之一。

　　現代大都會中很容易找到許多更具有異國風味的餐點，林明頓蛋糕卻更能讓人回到過去烹調簡樸的時光中。在澳大利亞不算太長的歷史裡，變化與進步不斷；但是有些東西卻是始終不變的受人歡迎，林明頓蛋糕就是其中的一項。

▲ 澳洲昆士蘭布里斯本的舊國會樓。

林明頓蛋糕
稍硬的海綿蛋糕，適合鋪上
巧克力糖霜和椰子碎片

我喜歡在做生日或節慶蛋糕時多做一份海綿蛋糕，隔天等它稍硬，更適合鋪上巧克力糖霜和椰子脆片，就成了「林明頓蛋糕」。

材料（15 人份）

海綿蛋糕部分

- 軟化過的無鹽奶油 125 公克
- 砂糖 170 公克
- 香草精 1 茶匙
- 全蛋 2 顆，拌勻
- 篩過的麵粉 185 公克
- 篩過的發粉 1 又 1/4 茶匙
- 牛奶 125 毫升

糖霜部分

- 軟化過的無鹽奶油 25 公克
- 霜糖粉 95 公克
- 可可亞粉 2 湯匙
- 椰子碎片 35 公克

作法

❶ 在 30 公分長、20 公分寬的烤盤上鋪一張烘焙紙。

❷ 將奶油融化後加霜糖粉、可可亞粉、80 毫升的沸水混合打勻後，即為可可亞糖霜。

> 關鍵在此！

❸ 取一大碗，放入奶油、砂糖和香草精，用電動攪拌器打到滑潤輕盈的程度。接著，放入蛋液，再放麵粉和發粉。續加入牛奶後，就成海綿蛋糕的麵糊。

❹ 把作法 3 的麵糊倒入作法 1 的烤盤上，再放到已預熱至 160℃ 的烤箱烤 20 分鐘，或當叉子戳入時不沾麵糊為止。

❺ 等作法 4 的蛋糕稍涼後，從烤盤上取出放置烤架上。

❻ 在蛋糕上抹滿作法 2 的可可亞糖霜並撒上椰子碎片。你可將蛋糕切半，加上野草莓果醬後，再放巧克力糖霜和椰子片，然後切成方型後，即可享用。

40 吃過蒼蠅墳場嗎？紀念大將軍，超市有賣——
加里波底餅乾 Garibaldi Biscuits

這是所有餅乾盒裡最與眾不同的產品。它與甜茶食或奶酥餅乾都大不相同，是一種布滿許多無籽黑葡萄乾的小甜點（因此又俗稱「死蒼蠅餅乾」或戲稱為「蒼蠅墳場」）。

你也可以買一大塊回家自己切成小片。它是愛吃餅乾者的首選。這種餅乾要配著茶慢慢品嚐。無論什麼廠牌，加里波底餅乾始終都有著共同的特色。

以下要講述這款餅乾的故事，它的來歷充滿了無數大膽的開創、努力、勇氣及風險。所以燒壺水、理好靠墊，準備聽這個有義大利叛軍和英國泰恩賽（Tyneside）造船工人，還有許許多多餅乾的故事吧！

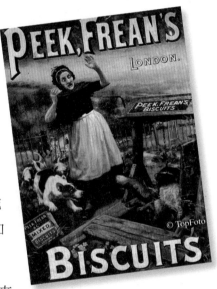

▲倫敦的皮克與福理安餅乾在全世界銷售。

去籽黑葡萄乾，研發餅乾新口味

故事起頭在 1850 年東倫敦的博門賽（Bermondsey）區。有一位

事業小有成就、名叫詹姆斯‧皮克（James Peek）的茶商。他的兩個名叫查爾斯與愛德華的孩子並不是茶葉的愛好者，而且也沒有興趣繼承父業。

身為父親的詹姆斯，只好為兩個兒子籌劃更適合他們的事業。他找到侄女的先生喬治‧福理安（George Frean），一位麵粉工廠兼製造船用乾糧的商人。

詹姆斯向他的兩個孩子提議加入新籌立的餅乾廠，因為福理安的創業精神讓他覺得這也是個合作的好機會。福理安又找到了他的同行，就是在蘇格蘭經營有名餅乾公司的約翰‧卡爾（John Carr）。（卡爾公司的水麵餅乾〔water biscuit，一種薄而脆的餅乾，用麵粉、水、鹽製成，通常與奶油和乾酪一起食用〕特別受到歡迎。）

1861 年時，卡爾正為如何不多加糖而能改進餅乾甜度及口感發愁。黑色去籽葡萄乾剛好可以解決這個難題。從美國進貨，可以增加不少符合成本的新配料，而葡萄乾的大小尺寸，也剛好適合用來製作新口味的餅乾。且製作成一大塊可以任意切割尺寸的餅乾，不但方便儲存運送，也能很輕易的以船運送至澳大利亞、遠東等，世界各地區的新興市場。

▲「皮克與福理安餅乾公司」從 1861 年起銷售加里波底餅乾。

利用大將軍的偉大功績，打開知名度

　　如何為新發明的甜點命名，似乎沒有什麼特別的道理，尤其是在義大利國家統一革命以後。讓我們從歷史與地理的角度談談這款餅乾命名的來龍去脈吧！義大利的建國先賢鳩西皮‧加里波底（Giuseppe Garebaldi）將軍，為了統一義大利和驅逐外國勢力（包括法國皇族後裔的義大利拿坡里國王），早已奮戰許久。

　　加里波底將軍在 1860 年，先擊敗了拿坡里在西西里島的占領軍，隨後準備登陸義大利本土，與拿坡里王國進行決戰。拿坡里的援軍、強大的皮埃蒙特部隊未能及時趕到，加里波底將軍遂順利獲得了此役的勝利，統一義大利的夢想也更接近了實現的階段。

　　全世界的人們此時都注意到這位身材瘦小、鬍鬚濃密的將軍。更早之前，在 1854 年時，將軍已經是眾人眼中的英雄。他於該年訪問英國泰恩賽造船廠時，即受到當地民眾與媒體的盛大歡迎。7 年後，將軍統一了義大利，而英國也早已是將軍堅定的支持者了。

　　新成立的「皮克與福理安餅乾公司」，抓住這個大好的機會，利用將軍的全球知名度，以他的名字命名了新開發產製的餅乾。

　　也有另外的說法，認為**新產品命名的靈感，與戰爭期間加里波底將**

© Bridgeman Art Library

◀ 加里波底將軍在全世界以為自由奮戰聞名。

軍的心腹，用已經乾硬的餅乾蘸著馬血浸軟之後裹腹有關。戰爭末期，更有小部分加里波底品牌的餅乾，被運到義大利幫助完成了統一大業。

餅乾全球化，超市順手拿

皮克與福理安餅乾公司隨後事業頗有進展，尤其是合夥的約翰‧卡爾，又開發出一種簡單、平扁，幾乎全以奶油為用料的「珍珠餅乾」，該產品成為現代製造餅乾的基本樣板。

▲ 該產品經卡爾家族認證。

1870 年普法戰爭期間，英國對餅乾的需求量大增，並成為常態。由於英國海軍對餅乾有上千萬片的固定需求，加上國際貿易的成長下，餅乾成為隨身必需品，遂使銷售量益發擴大至美澳等市場。

加里波底餅乾有不同的品牌名稱，遠至愛爾蘭市場，亦有銷售。迄至 2001 年，美國市場販售的產品，都是現已歇業的齊博樂（Keebler）餅乾公司，在其旗下所謂生產「黃金奇異果」地區紐西蘭所製造的產品。不過現今，僅有英國的公司仍繼續生產此款加里波底餅乾。

從超級市場架上順手拿取，並買包餅乾是很容易的事。但自己動手來做加里波底餅乾，更彌足珍貴，同時還可以藉機感謝約翰‧卡爾這位最偉大的餅乾研製者。

加里波底餅乾
最適合配上一杯茶，聚會的最佳甜點

 材料（18 人份）

- 融化的奶油 100 公克
- 篩釋過的糖粉 100 公克
- 純麵粉 100 公克
- 蛋白 100 公克
- 無籽黑葡萄乾 200 公克

 作法

❶ 取一大碗，放入奶油、糖粉和麵粉拌勻。接著，慢慢倒入蛋白，攪拌至完全溶入麵糊裡，再放入無籽黑葡萄乾輕輕攪拌後，放入冰箱冷卻至少 1 小時。

❷ 取一淺錫盤，鋪上一張吸油紙，再均勻倒入作法 1 的麵糊後，放至冰箱冷卻 30 分鐘。

❸ 將作法 2 的錫盤，放入已預熱至 180℃ 的烤箱烤 25～30 分鐘、或烤至餅乾呈金黃色取出，並趁熱用刀切片。待變涼後放入密閉的容器中，保鮮期可達一星期。

© Advertising Archive

PEEK FREAN'S

▲ 加里波底餅乾最適合配上一杯茶，「皮克與福理安餅乾公司」將它定位為聚會的最佳甜點。

> 嗯，可以稱之為最講究的軍人口糧

美味關鍵 Tips

這道甜點原本不是針對一般家庭設計的產品，但還是值得做做看，而且無論結果如何，你都會對糕餅業的前輩感到嘆服。前輩的技巧與技術上的優點，使我們每次吃這餅乾配上一壺茶品嚐時，都會想到義大利偉大戰爭的英勇事蹟。

IV. 打通關！今晚我要把這些杯中物全喝過一輪——經典調酒

© Corbis

你一定要認識「雞尾酒之王，王之雞尾酒」馬丁尼；
開心啊！於是⋯⋯兩天喝掉12萬杯薄荷朱利普；
啜飲的瞬間，宛如置身加勒比海灘：鳳梨可樂達；
還是心情糟？來杯內格羅尼，咱們干（乾）了他！

41 大師畫作給的靈感，就是那個粉紅色——
貝里尼 Bellini

　　一般來說，調酒師在創造一款新配方的雞尾酒時，照慣例會先著手調配他所鍾愛的基酒、調味酒和水果之間的比例。一直調到味道嚐起來滿意了，再挑選裝飾的配料和酒杯。

　　貝里尼調酒的誕生卻與眾不同，因為**創造它的調酒師，竟然是看重色澤更勝於一切！**

　　故事的起源要**回溯到義大利輝煌的文藝復興時期**。那時的水都威

© Corbis

▲ 夜幕將臨的威尼斯，正適合在月光下漫步或到酒吧品嚐雞尾酒。

尼斯不但孕育出許多傑出的藝術家，也吸引了各地來的騷人墨客齊聚一堂，各展長才捕捉其璀璨風華。土生土長的藝術家喬凡尼・貝里尼（Giovanni Bellini）正是其中一位佼佼者——他將 15 世紀的威尼斯藝術帶入了一個全新的世代。

在那個不凡的時代，雕塑家、畫家、作家、建築師，甚至是科學家都各以其專業素養，淋漓盡致的發揮他們從古希臘羅馬的歷史文明當中，受到啟發的人文精神和美的感動，而留下許多不朽的作品供後人品味。

雖然品酒文化並不是文藝復興的特有產物，其藝術創作卻在數個世紀後深深震撼了酒保朱塞佩・希普里亞尼（Cipriani）。當時的他站在哈利酒吧內，而牆上那幅喬凡尼・貝里尼和他的學生卡巴喬等人留下的畫作，深深的激發了他的靈感，進而醞釀出義式薄片生牛肉（見第 66 頁）和貝里尼調酒兩大餐飲界的經典！

義式雞尾酒，為了抗衡法國香檳調酒

讓我們將時光倒流至 1948 年的哈利酒吧，回到貝里尼調酒的故事。當時的店長希普里亞尼決心要以義大利著名的普羅賽柯（Prosecco）果香氣泡酒為基底，來調製一款足以**與法國的香檳調酒相抗衡**，讓義大利人引以為傲的義式雞尾酒。這款完美調酒除了要入口甘甜，更重要的是，他要讓它散發出特定的粉紅色澤，一種**和貝里尼大師筆下人物的穿著同樣完美的粉紅色**。

究竟希普里亞尼腦中描繪的那抹粉紅是存在於哪一幅作品中呢？老實說，我們無從得知。雖然威尼斯眾多畫廊中不乏貝里尼的大作，但因為貝里尼本人就特別偏好運用各種粉紅色於畫中人的衣著，後人

實在很難指認究竟是哪件粉色衣著成就了希普里亞尼的創造。

我個人的最愛是《聖方濟之狂喜》（*The Ecstasy of St. Francis*）這幅畫。它所感動我的，並非它著名的宗教寓意或聖方濟完美的十字站姿，而是畫中所呈現出的色調。追尋完美粉紅色的希普里亞尼最終敲定了以新鮮的白蜜桃汁來調配色澤及味道。

如同貝大師配色時那般的耐心，他**不厭其煩的一次次嘗試調配白蜜桃汁和普羅塞柯氣泡酒的比例，直到那抹理想的粉紅色呈現在他眼前**。可喜可賀的是，那一杯完成品的**口感就如它的外觀一般無懈可擊！**

© Corbis

▲ 貝里尼經常以宗教主題入畫，圖中的是聖烏蘇拉（Saint Ursula），他的用色啟發了調酒師朱塞佩．希普里亞尼的靈感。

參加調酒大賽，必備的基本功

哈利酒吧在當時已經是當地的知名酒館，社交名人和走訪水都的明星們都非常愛光顧，而在新鮮水蜜桃盛產的溽暑時節，貝里尼就成為夏天的代表飲品（在市面上可以買到包裝的水蜜桃泥之後，貝里尼更成了全年暢銷的熱門雞尾酒）。

希普里亞尼家族在 1985 年跨越大西洋，設立他們在紐約的第一家酒吧，貝里尼也隨之登陸美國。今日的它已經是全世界最具代表性的飲料之一，就連國際調酒師協會也將其列為每年一度調酒大賽必備的基本功。現在，那幅我最愛的貝大師名畫，我也把它的複製品貼在冰箱上，看哪天會不會也啟發出不凡的靈感。

42 堅持「絕對」牌，
流行天后瑪丹娜認可──
柯夢波丹 Cosmopolitan

　　要說哪一款酒最能和某個年代劃上等號，那可是非亮粉色、柑橘味的柯夢波丹莫屬了！它**充分代表了美國的 1990 年代**。尤其在那時候的紐約，幾乎人手一杯柯夢波丹。紐約洛克斐勒（Rockefeller）大樓著名的彩虹廳（Rainbow Room）其時髦的酒客們像是怎麼也喝不夠，一杯接著一杯。

　　由於美國流行天后瑪丹娜（Madonna）啜飲柯夢波丹的名照，再加上影集《慾望城市》（*Sex and the City*）裡凱莉・布雷蕭（Carrie Bradshaw）和姊妹淘們每星期的雞尾酒宴，很快的，這款酒成為最熱門的新流行。

果汁公司行銷手法，帶動新配方

　　一切都要從 1968 年講起：美國優鮮沛（Ocean Spray）果汁公司的行銷團隊正絞盡腦汁，要將公司新產品蔓越莓果汁打進成年人的市場。他們在每一箱蔓越莓果汁的側面都加印了一份名叫《捕鯨叉》（*Harpoon*）的雞尾酒譜，由伏特加（Vodka）、蔓越莓果汁和萊姆汁所調成。這個新酒譜雖然不甚精巧，卻啟發了調酒師開始嘗試各式

各樣的新配方，蔓越莓特調也就這樣廣為流傳。

1970 年代，來自佛羅里達州南灘（South Beach）的女調酒師雪洛・庫克（Sheryl Cook），她對小紅莓特調的盛行堪稱功不可沒。雪洛發現許多客人因為想要顯示自己地位崇高，而點了馬丁尼（Martini，見第 283 頁），但又因為它的重酸口味而不喜歡喝，於是她決定要創出一款適合南灘客的新口味。

雪洛以**萊姆口味的伏特加為底，配上橘皮酒（Triple Sec）和萊姆汁來營造清爽又夠勁的口感；最後加入蔓越莓汁，讓賣相大大的加分。** 至於為什麼把這款特調取名為柯夢波丹？雪洛說她的**靈感來自於同名的女性流行雜誌**，因為她想透過這款特調表達的，正是該雜誌倡行的**現代新風潮！**

占領酒吧、小說、《慾望城市》，人手一杯

相對於身分和歷史角色廣受爭議的雪洛・庫克（甚至有一派說法是壓根兒就不存在這個人），而來自 1970 年代麻塞諸塞州普羅溫斯頓（Provincetown）的約翰・肯（John Caine），無庸置疑的，他是把柯夢波丹變成全世界知名調酒的大功臣。

普城是當時同志社群的熱門景點，而且鄰近美國最主要的一個蔓越莓產區，使用了在地特產調出的柯夢波丹因此日漸盛行。數年後，約翰・肯轉移陣地，遠赴舊金山開設了自己的酒吧，也把柯夢波丹介紹給當地的酒吧圈。當時初嘗性解放的同志們，大批湧入各個酒吧飲酒作樂，柯夢波丹也就在這個時候進入了主流大眾文化。

美國作家亞米斯德・莫平（Armistead Maupin）在他的著名小說

中，對舊金山酒吧社交場景有詳盡的描繪，柯夢波丹更進一步橫掃全美，最終**占領了紐約，現身在《慾望城市》女主角們的酒杯裡**。

至於誰是現代版的柯夢波丹之父呢？不是彩虹廳的名調酒師戴爾·第格洛夫（Dale Degroff），就是翠貝卡區（Tribeca）的歐第恩酒吧（Odeon）的調酒師托比·塞區尼（Toby Cechini）。他們兩位都針對原先的配方做了相似的巧妙更動，以新鮮萊姆汁取代了瓶裝萊姆汁，並**堅持只用「絕對牌」柑橘伏特加（Absolut Citron）為基酒**。

這個改良配方很受到歡迎，而瑪丹娜對它的認可，更讓它永久取代了原有版本，成為新的經典。

▲ 1970 年代的邁阿密是個熱鬧而多采多姿的城市，粉紅色在這裡是很常見的色調：從房子、油漆、車子到飲品，無所不在。

43 想寵愛一個女人，就點這杯——

瑪格麗塔（Margarita）

　　雖然和瑪格麗特披薩（見第 182 頁）幾乎同名同姓（拼法稍有不同），同樣家喻戶曉的瑪格麗塔調酒卻顯得特別**身世模糊**。關於它的起源，版本多到跟全世界的酒吧數量一樣數不清。不過大多數的版本有個共通點：它確定是**源於墨西哥**。

身世模糊

　　最原始的傳說發生於 1935 年的墨西哥提華納。傳說中，它是酒保丹尼・何瑞拉（Danny Herrera）為了一位名為瑪裘麗・金（Marjorie King，不是瑪格麗特喔）的女士所創造出來的。當時以大踢腿及養眼服裝風靡百老匯的齊格菲歌舞團，瑪裘麗是其中一名成員。她對大部分的酒都會過敏，而唯一免疫的龍舌蘭酒（Tequila），她又嫌味道太嗆。於是丹尼為她專門調製了一款易於入口的雞尾酒，並以**「瑪裘麗」的西班牙語發音**去命名。

　　另一個版本則發生在 1941 年，位於提華納南邊不遠的小鎮恩塞納達（Ensenada），發明者是在何松酒館（Hussong's Cantina）工作的酒保唐・卡洛斯・歐羅斯柯（Don Carlos Orozco）。酒館老闆是年輕**德國人**約翰・何松（John Hussong），在 1892 年開張後就迅速竄紅，

成為美墨邊境人們最
愛的聚會場所。

　　至於為何在墨西哥
會出現一個德國人的酒
館呢？根據酒後閒聊的
軼聞，有一天，何松和
朋友駕車到恩塞納達附
近遊玩，不料他們的車子
竟然半路拋錨，而他的朋
友還受了傷，於是兩人就
近借宿當時鎮上唯一的酒

▲ 傳說中，於 1940 年代創造出瑪格麗塔調酒的酒保，靈感來自許多人，歌后佩姬‧李是其中一位。

吧。沒想到酒吧主人第二天竟然因故謀殺了何松朋友的夫人，並被捕
入獄，他因此在臨走前央求何松，在他坐牢期間替他看顧酒吧。再過
了一段時日，何松的朋友傷勢痊癒後就返家，而原先那位酒吧主人又
始終未出現，於是他就順勢接下酒吧的經營權。

　　時光推進到 1941 年 10 月的某天寧靜午後，酒吧裡只有唐‧卡洛
斯和唯一的客人──瑪格麗塔‧韓格爾（Margarita Henkel），她是當
時德國駐墨西哥大使之女。卡洛斯正在嘗試各式各樣基酒和調料的不
同搭配，試圖調出一些新口味，而韓格爾欣然答應協助他試喝。其中
有一款酸勁十足的橙汁口味調酒特別受她青睞，卡洛斯於是將其命名
為瑪格麗塔。

　　還有，另一個是發生在美國德州的版本，主角為鼎鼎大名的歌后
佩姬‧李（Peggy Lee）。佩姬是美國南部加爾維斯敦市（Galveston）
峇里人酒吧（Balinese Room）的常客，相傳那兒的酒保山多士‧克
魯茲（Santos Cruz）在 1948 年專門為了她調出一款新酒，並**以西班**

牙語中佩姬的發音來命名以資紀念（按：Peggy 是由 Maggie 轉化來的暱稱）。

「雛菊」的西班牙語發音：瑪格麗塔

我想，瑪格麗塔真正的問世經過，大概沒有像這些傳說那麼羅曼蒂克吧！早在 1940 年代之前，已經有幾款熱門的雞尾酒飲料在美洲大陸的不同地區各領風騷。有一種名為「雛菊」（Daisy，後來俗稱戴茲）的龍舌蘭，是由某種**濃烈的蒸餾酒加上柑橘類甜酒和一些糖所調製出來**，其中又以白蘭地戴茲（Brandy Daisy）在美國最為盛行。

而因為當時在墨西哥並無法取得白蘭地，許多酒保於是改用當地最常見的龍舌蘭酒取而代之。歷史記載顯示，早在 1936 年龍舌蘭戴茲酒就已經在美洲各地廣為流傳了。那時候的《雪城先驅報》（*The Syracuse Herald*）、《阿爾伯克基日報》（*Albuquerque Journal*），甚至《時代雜誌》（*Time*）都曾報導這款為當時的一大熱門酒飲。

猜猜看，**雛菊的西班牙語發音**是什麼？沒錯，正是瑪格麗塔！不過你們可別再追究它是怎麼跟雛菊扯上關係的，不然我可就被問倒了。

＊按：有此一說，英國亨利二世的皇后瑪格麗特以雛菊（Daisy）為其個人標記，至少此說把幾個看不出淵源的字搭上線了。

44 雞尾酒之王，王之雞尾酒——
馬丁尼 Martini

　　若要說誰是**雞尾酒之王**，誰是貪杯人生命中不可或缺之惡，除了馬丁尼，還是馬丁尼。它可是見過了大風大浪的，還撐過了美國 1920～1933 年那段黑暗的禁酒令時期。我們甚至可以說正是在那一個無酒不禁、小百姓們只得在自家浴缸偷釀琴酒（Gin）的

▲ 1920 年代，美國禁酒期間，飲用雞尾酒轉為地下化，並大量使用自家私釀的琴酒。當時的警方執法嚴厲，任何窩藏的私酒一旦被發現，只有沒收一途。

奇特年代，馬丁尼還能漸漸嶄露頭角。因為官方執法嚴格，酒徒買酒無門，於是設法自己動手生產最容易入門的琴酒。

　　可是，一想到琴酒與洗澡水簡直無異，又不禁胃口大失，眾酒徒於是產生了一種新的需求：以琴酒為底的特調飲料。根據鄉野傳聞，馬丁尼乃是源於一種名叫馬丁尼茲（Martinez）的調酒，它誕生於美國加州馬丁尼茲鎮西方飯店（Occidental Hotel）。西方飯店坐落於鎮上的渡口旁，許多旅客會在等待搭渡輪到舊金山的空檔來喝一杯（另有一說，那家飯店其實是在舊金山到馬丁尼茲的渡口旁）。

正宗馬丁尼——苦艾酒加琴酒1：2

至於馬丁尼是如何演變而來，可又是另一則不可考的美國早期民間故事。據傳在 1870 年，一位年輕的淘金客走進來，直接扔了個黃澄澄的金塊在吧檯上，大聲吆喝酒保胡立歐・黎塞留（Julio Richelieu）給他做一杯別出心裁的特調，於是馬丁尼就這樣問世了：**由苦艾酒（Vermouth）和琴酒以 1：2 的比例調製而成。**

但根據《大英牛津字典》（*Oxford Dictionary*）的說法，馬丁尼的命名應該是**源自於兩位義大利男士：亞歷山卓・馬丁尼（Alessandro Martini）與路易吉・羅西（Luigi Rossi）。**

從 1863 年開始，亞歷山卓・馬丁尼把苦艾酒進口到美國後，它在美國及世界各地受歡迎的程度就有增無減。即使在禁酒令期間，一般人除了可以輕易取得琴酒外，如果認識特別有辦法的仲介，還能買到苦艾酒，因此結合這兩者的馬丁尼就順勢而生。

隨著時代的推進，馬丁尼漸漸演化成甜度低、更為性格的調酒，調製它的樂趣也就此倍增。你可以依照個人喜好來隨意調整琴酒與苦艾酒的比例，**苦艾酒越少，你的馬丁尼就越澀**。禁酒令解除後，高品質的琴酒再次得以在市面上自由流通，馬丁尼的調製水準也隨之而大為提升。也就是在 1940 年代，人們的口味開始由甜味轉向澀味的苦艾酒。

007 情報員手中，總有杯馬丁尼

到了 1970 年代，隨著大眾口味轉移到口味較清新、像是氣泡類的調酒，馬丁尼的指標代表性開始下滑，不過它仍舊被視為經典。

當代的調酒界中，儘管有不少人會在馬丁尼添加伏特加（1950 年代發明的作法）和其他酒類（還記得電影《007 首部曲：皇家夜總會》〔*Casino Royale*〕吧！主角詹姆士‧龐德〔James Bond〕加了法國的開胃麗葉酒〔Kina Lillet〕，場景也是設定在 1950 年代），追究傳統的純正基本派人士仍然堅持，**一杯正宗的馬丁尼只能含有琴酒與苦艾酒這兩種酒**。

除此之外，頂多再加上一點裝飾的配料，例如橄欖或醃漬洋蔥（有人另稱這種酒為**吉布森**〔Gibson〕）。還有另一種變體，則是在最後注入橄欖滷水，稱為**骯髒馬丁尼**（Dirty Martini）。

▲ 蘇格蘭演員史恩‧康納萊飾演 007 情報員詹姆士‧龐德。這位小說家筆下杜撰出的大膽迷人英國情報員，與馬丁尼酒可說是形影不離。

45 啜飲的瞬間，
置身加勒比海攤——
鳳梨可樂達 Piña Colada

有些外語詞彙，保持原文遠比翻譯過來有意思的多。就拿鳳梨可樂達來說，要按它的字面意思直譯就是：瀝乾的鳳梨，聽起來既不可口也不好記。不過，關於它如何誕生的故事，可就比這款白色奶味調酒來得精采有趣多了。

海盜船長慰勞水手的特調

據說在 19 世紀，來自波多黎各的海盜船長羅勃多‧柯弗瑞西（Roberto Cofresi），特地調出鳳梨可樂達給長年在航海的水手們，**為了提振他們的精神和鼓舞士氣**。傳說中的柯弗瑞西，活脫是個加勒比海的羅賓漢，只搶劫富裕的美國船隻，然後將所得財富分給困苦的海地及波多黎各島民。但也有傳說他不折不扣就只是個殺人不眨眼的海盜魔頭。

不論你相信哪一種說法，對於他發明鳳梨可樂達這回事，頂多信個七、八成就好了。那些民間故事甚至還流傳他在 1825 年把原創的酒譜一起帶進了戴維‧瓊斯的箱子（Davy Jones' Locker，水手使用的黑話，意思是大海的海底，死亡水手沉睡的地方），以防止他人得知其作法。

© Alamy

▲ 加勒比海灘的日落，是最適合啜飲鳳梨可樂達的氛圍和時景。

實際上，早從 1920 年代，鳳梨可樂達的酒譜就開始在市面上流傳，其中《旅遊》（*Travel*）雜誌描述：「**將熟透的新鮮鳳梨榨汁，加上適量的冰塊、糖、萊姆汁、巴卡迪蘭姆酒（Barcardi Rum），迅速用力搖晃；還會有比這杯更加順口、更芳香誘人的飲料嗎？**」

現代版與原始版的差別：椰漿的添加

然而，今日受到大家熱愛的、帶有濃郁椰味的鳳梨可樂達，其實要到 1950 年代才在波多黎各誕生。**現代版與原始版的最大差別，就是在於添加椰漿**。各位可能到現在才了解到，波多黎各在發展榨取椰漿的先進工業製程中，有著非常關鍵的核心地位；正是波多黎各大學的雷蒙・羅培茲・伊瑞扎利（Ramón Lopez Irizarry），在 1949 年發展出這項突破性的技術。

在伊瑞扎利終於將技術商業化之後，椰漿於是成為一種可販售的商品，並命名為「羅培茲椰漿」（Coco Lopez）。在聖胡安市（San Juan）加勒比海希爾頓飯店（Hilton Hotel）的巨浪酒吧工作的年輕酒保雷蒙·蒙其托·馬瑞諾（Ramón Monchito Marrero），就用了這款椰漿，創造出調酒界最經典之一的現代版可樂達。

當時的加勒比海希爾頓飯店日益走紅，成為備受歐美社會名流青睞的度假勝地，包括美國電影女星格洛麗亞·斯旺森（Gloria Swanson, 1899-1983）也是常客。於是，飯店經營團隊想要獨創一款具有飯店代表性的飲品來提高聲譽。欣然接受邀請的蒙其托在歷經 3 個月的鑽研和練習後，終於在 1954 年的 8 月 15 日，以波多黎各土產的羅培茲椰漿調製出新版的鳳梨可樂達。

波多黎各的國民飲品

這款特調一推出就紅遍半邊天：它甜中帶嗆的口感恰到好處，調和了鳳梨的酸味。有的酒保會以水果切片作為裝飾，更有酒保是直接以挖空的全顆鳳梨替代酒杯，來營造戲劇情境的娛樂效果。到了 1978 年，加勒比海希爾頓飯店累計已經賣出 300 萬杯的鳳梨可樂達；蒙其托因此在一項盛大典禮中受獎，**波多黎各政府更宣布將鳳梨可樂達封為國飲**。

之後它的魅力更是一路席捲全球，即使在某些地方人們會把它貼標籤，認定它是不「酷」的調酒。就如同其他不輕易被時尚潮流擊敗的好東西，再怎麼不酷，總是沒有第二種飲料能取代鳳梨可樂達的魔力，**在啜飲的那瞬間將你帶到碧海晴天的加勒比海灘**。依照慣例，酒保們會放一顆酒釀櫻桃，我個人建議，那顆櫻桃不吃也罷。

46 重機、單車、奔波
一天下來，獎賞自己──
側車賽德卡（Sidecar）

　　跟調製雞尾酒最相似的烹飪藝術，非糕餅烘焙莫屬。兩者的成功關鍵皆取決於，材料間的比例是否恰到好處；**基酒和調味酒的分量、以及與其他成分之間的相對比例，是影響最後成品口味的決定因素。**

　　也就是對於成分比例，有精準嚴格的要求，才使得雞尾酒維持一定的味道和口感，而不會在世界各地的酒吧輾轉流傳之際嚴重走味！側車賽德卡可說是酒如其名；它可是歷經長途跋涉，最終得以在經典調酒名單上占有一席之地。

　　在 19 世紀中期的美國，大多數的雞尾酒不是以威士忌、就是以白蘭地為基酒，例如古典雞尾酒（Old Fashioned）或白蘭地戴茲（Brandy Daisy）。隨著蒸餾製程不斷改良，調酒師們漸漸有了更多高品質的酒種來提升技巧。

　　除了濃重的苦味酒，甜的和酸的調味酒也逐漸現身市面。這時國外出現了柑橘味的酒，而

▶ 最開始時，側車賽德卡是作為在冬天裡騎摩托車奔波後，用來提神。

© Corbis

且世界各地的酒保也開始互相交流他們的配方。**已經在墨西哥孕育出瑪格麗塔的白蘭地戴茲，到花都巴黎落腳後則蛻變為側車賽德卡。**

紀念上尉搭乘的交通工具──側車

故事是這麼開始的：當時在巴黎有一位不知名的美國陸軍上尉，每晚都會讓他連上的士兵駕著一輛摩托車，掛上側車載他到同一個酒吧喝上幾杯。而他每回一定都先點一杯**由爽口的橙汁和干邑白蘭地（Cognac）調成的濃酒**來袪寒。就因為這樣，這款特調被稱為側車賽德卡，以**紀念那位上尉及他搭乘的交通工具。**

至於他去造訪的究竟是哪一家酒吧，可就眾說紛紜──巴黎麗思飯店聲稱是他們，但另有說法指向位於歌劇院區的小酒館哈利酒吧，不過也許側車賽德卡只是在這兒被打響了名聲。

哈利酒吧自從 1911 年以「紐約吧」之名開張後，就被形形色色的美國異鄉客當作是第二個家。它的頭任店長是退休的名賽馬騎師泰德・史隆（Tod Sloan），不過真正下場調酒的是哈利・麥克艾霍恩（Harry MacElhone）。不管他是否為真的原創者，這間他在 1923 年買下並重新命名的哈利酒吧，已儼然成為側車賽德卡的同義詞。

麥克艾霍恩在 1922 年所出版的《哈利的雞尾酒調製法則》（*Harry's ABC of*

Mixing Cocktails）裡面就有一份側車賽德卡的酒譜。依照此書的最初幾版中的記載，側車賽德卡為倫敦花花公子俱樂部（Bucks Club）的酒保派特・麥克蓋瑞（Pat MacGarry）所創，但之後的版本又改稱麥克艾霍恩為原創者，而麥克蓋瑞則是將其引進英倫的功臣。

血腥瑪麗：在「血流成河」跳舞的瑪麗

　　就像它在威尼斯的同名兄弟一樣，哈利酒吧也成為雞尾酒文化的代表重鎮。許多的觀光客特地到此一遊，就為了品嚐以正統配方調製的側車賽德卡和白色佳人（White Lady，琴酒加白橙皮酒）。在推開哈利酒吧沙龍式的雙開大門離去之前，我還要提一提另一款在此誕生的經典調酒——血腥瑪麗（Bloody Mary）。

　　1921 年，酒保彼特・帕提亞特（Pete Petiot）找了一群朋友試驗新酒，**把伏特加和番茄汁調和在一起，再加入些許的塔巴斯科辣醬**（Tabasco）。其中一人喝了一口後，宣稱它嚐起來的勁味，和他女友有一次在附近小歌舞廳表演時的感覺很像。那間舞廳就是在街口轉角，叫做「血流成河」（Bucket of Blood），而那個女孩名為瑪麗（Mary），於是就這麼組成了「血腥瑪麗」。

　　到了今日，側車賽德卡似乎已顯得有些「古典」得過時了，不過，在寒冬中快步穿越美麗的巴黎街道後，來一杯側車賽德卡仍然是人生一大享受。

47 開心啊！於是……
兩天喝掉 12 萬杯──
薄荷朱利普 Mint Julep

　　薄荷朱利普是由波本威士忌（Bourbon Whiskey）、糖和薄荷調成的重口味雞尾酒，而且一提起它就令人馬上聯想到美國南方。但是，按照早期文獻的記載，威士忌很可能並不是最原始的配方。

　　朱利普最早出現在 1700 年代的美國北卡羅納州；當時人們習慣在**早餐前灌下一杯加了糖的高濃度酒精飲料來防制瘧疾**。最早的朱利普酒譜則是出現在約翰・戴維斯（John Davis）的著作──《四年半長的美國之旅》（*Travels of four years and a half in the United States of America*）。

　　這本 1803 年出版的書中，描述了一種酒，名叫「老白人」（Old White），主要由約 1 茶匙烈酒，並泡有新鮮的薄荷所調成。

　　朱利普這個名稱是由阿拉伯語 Gulab 衍生而來，用以指稱任何帶有甜味之物，但最常用來**描述將某種甜的東西混入藥水裡的作法**。在東方傳統中，這類的**甜藥水**通常就是玫瑰水，到了西方之後，玫瑰花香就轉而被原生植物薄荷所取代了。

　　根據美國飲品史學家克里斯・莫里斯（Chris Morris）的考察，朱利普飲料在美國東南方的農業區最為盛行，人們慣飲為常，就如同我們現代人喝咖啡一般。

為了酒杯，賽馬一決勝負

　　到了 1800 年代，**朱利普跟賽馬搭上了線，從此之後就再也分不開了**。1816 年美國《肯塔基公報》（*Kentucky Gazette*）就報導當地人為了朱利普酒杯，而騎馬一決勝負之軼聞。

　　那時候，肯塔基州的農民有兩大嗜好：比賽騎野馬及用玉米釀造威士忌酒。當時的肯塔基對大部分的文明世界來說就是個墾荒之地，尤其跟巴黎商店林立的繁華大道比起來，在這樣的鄉下地方真的是好山好水好無聊。

　　由玉米釀成的威士忌，就是後來鼎鼎大名的波本威士忌酒，跟當地盛產的薄荷可是一大絕配。至今，大家會在一個特定的日子和場合來暢飲薄荷朱利普：在邱吉爾賽馬場（Churchill Downs）舉辦的年度肯塔基賽馬大會（Kentucky Derby）！肯州賽馬大會可以說是全美最精采又經典的運動盛事，而賽事源自英國艾普森（Epsom）賽馬會。

　　時光倒轉至 1875 年 5 月 17 日，總共 15 匹 3 歲駿馬在大約一萬名觀眾的注目下競逐第一屆肯州賽馬大會。這場競賽完全依循它的英倫表親，以 2.5 公里作為競賽距離，一直到數年後，肯塔基賽馬大會才改成自訂的 2 公里賽距。至於當天的首屆冠軍則是一匹由安索·威廉斯（Ansel Williamson）所訓練、名叫亞里斯泰茲（Aristides）的小雄駒奮勇奪標。

© Corbis

▲肯塔基賽馬大會的場上，整車的薄荷朱利普等著口渴難耐的觀眾大快暢飲。

兩天喝掉 12 萬杯，怎麼辦到？

　　到了 1938 年，制定了一項新傳統：來觀賽和下注賭馬的客人人手一杯盛滿薄荷朱利普的銀杯，在比賽開始時一同向參賽者乾杯致意，為自己下注的馬兒選手加油。賭馬和迷信一向是最親密的夥伴，所以這麼一個儀式一旦出現，大家就一直沿用下去，在每年度的肯塔基賽馬大會的開場一同暢飲薄荷朱利普。

　　拜這項傳統之賜，**今日的年度賽馬大會在短短兩天，就能消耗掉約 12 萬杯的薄荷朱利普**，而且酒裡所用的薄荷葉，都是由邱吉爾賽馬場在 1875 年就設立的薄荷園所供應的鮮貨。

　　薄荷朱利普隨著大批觀光客的往來漸漸散播到各處。大家常常一邊調製這款著名的代表性雞尾酒，一邊向親朋好友述說在肯塔基賭馬賺翻的樂事。即使它永遠不會享有如馬丁尼或瑪格麗塔那般眾所皆知的盛名，但道地的肯塔基佬宣稱，**當你調出一杯純正對味的薄荷朱利普，你會聽到天使們的歡頌。**

　　那我們何不立刻來試試，調上一杯薄荷朱利普，一聆天籟？

◀肯塔基賽馬大會每年在邱吉爾賽馬場舉行，當時的觀賽者一邊替賽馬加油吆喝，一邊暢飲薄荷朱利普。

48 心情糟？——
內格羅尼 Negroni

這是一款因為它鮮豔過人的顏色，而遭到歧視的雞尾酒。烈酒的行家大多偏好無色的酒，但他們實在不該太早就把內格羅尼（Negroni）判出局。

它的過人之處在於它嚐起來的味道：**儘管有著很夢幻的粉橘色，可是一點都不甜**；苦澀中微微透露出一股柑橘香的口感，不但印證它是杯成人飲料，還讓人意猶未盡，喝了還想再

© Mary Evans Picture Library

▲ 佛羅倫斯，是內格羅尼伯爵的家鄉，也是世界最美麗的城市之一。

喝。在義大利的酒吧，內格羅尼一定是加冰塊再綴上一片鮮橙出場，但到了世界的其他角落，有的酒保會改以橘皮來代替。

只有常客才能獨享的福利

眾所皆知，要追溯雞尾酒的起源是很難的；我們可以想見那些參與創造過程的人們在盡情暢飲一番之後，隔日醒來十之八九會發現腦筋一片空白，什麼也記不得了。至於內格羅尼酒的故事，可以確

認的是，它是為了 20 世紀初義大利佛羅倫斯一家卡松尼小館（Caffè Casoni）的一位常客卡密羅·內格羅尼伯爵（Count Camillo Negroni）而調出來的。

當時大部分的雞尾酒客最常喝的是一種美式特調（Americano），由金巴利開胃酒（Campari）、甜味苦艾酒以及蘇打水所調成。1860年，蓋斯巴利·金巴利（Gaspari Campari）開設酒廠，並生產以他命名的開胃酒，這款美式特調雞尾酒就一直很受歡迎。

金巴利除了酒廠之外，還在米蘭擁有一間酒吧，專門來調配各式各樣以金巴利開胃酒為底的新口味，而美式特調可以說是他最有名的創造了。

焦點再次轉回到內格羅尼。時間是 1918 年，內格羅尼在過了特別糟的一天後，來到了熟悉的卡松尼小館。他要求酒保伏斯柯·史嘉沙利（Fosco Scarcelli），為他加碼調一杯特別烈的美式特調。伏斯柯欣然從命，**把慣用的蘇打水換成濃烈的琴酒**，內格羅尼這款調酒就此問世。

名導、名作家，對它情有獨鍾

義大利作家路卡·皮奇（Luca Picchi）在《循著伯爵的軌跡：內格羅尼雞尾酒的真實故事》（*Sulle tracce del conte. La vera storia del cocktail Negroni*）一書中指出，伏斯柯特別以鮮橙切片來取代平時常見的檸檬片，以突顯這款特調的創新特色。

內格羅尼漸漸的在雞尾酒行家的圈子紅了起來。美國名導演奧森·威爾斯（Orson Welles）還特別對外宣揚他 1947 年在羅馬拍攝

《卡里奧斯特羅》（*Caglio-stro*）時，啜飲內格羅尼的樂趣：「它的苦味顧肝，而琴酒則有害健康，兩者相遇，恰好相互平衡啊！」

《詹姆士・龐德》系列小說英國作者伊恩・佛萊明（Ian Fleming）也是對內格羅尼酒情有獨鍾。在他1953年出版的《007首部曲：皇家夜總會》一書中，

▲ 奧森・威爾斯在拍攝電影《卡里奧斯特羅》期間，常在空檔時啜飲內格羅尼。

主角**詹姆士・龐德享用的第一杯雞尾酒正是內格羅尼**。

後來，內格羅尼家族研發出了裝瓶量產的內格羅尼，而且一直到今天還在市面上銷售著。卡松尼小館在1918年關門大吉，伏斯柯・史嘉沙利最後改到佛羅倫斯附近的「烏果利諾高爾夫球俱樂部」（Ugolino Golf Club）擔任調酒師。

現今雞尾酒界的新創款，有些是受到內格羅尼的啟發，例如把琴酒換成普羅塞柯氣泡酒的「內格羅尼・斯巴格利亞托」（Negroni Sbagliato），或稱「錯誤的內格羅尼」（Wrong Negroni），還有以伏特加替代了琴酒的內格羅尼斯基（Negroski）。

49 誰是全民公敵？
咱們乾了他！──
湯姆克林斯 Tom Collins

說來奇怪，這款簡潔爽口，由琴酒、檸檬汁、糖和蘇打水調成的雞尾酒，竟然是**以一個全紐約最鄙夷的人來命名**的。

在 19 世紀末的一段短暫期間，湯姆・克林斯（Tom Collins）曾經是全市人氣最旺的調酒，而它命名的由來──湯姆・克林斯，也同樣的是從華爾街到布朗克斯（The Bronx，紐約市五個行政區之一）所有人熱烈討論的話題。

眾人口中的湯姆・克林斯既不誠實也不正直，是個善妒又苛薄的造謠者。他四處散播對人不利的蜚短流長，並因而製造了民間無端的恐慌和憎恨。總之，他集諸惡於一身，但其實這個人根本不存在。

1874 年紐約傳媒報導，有惡作劇正在襲捲整座城市；市民在路上遇到熟識的人會停下來，討論有關那個邪惡造謠者的消息。這個人顯然很愛出沒在各間酒吧和酒館的角落，然後伺機發動激烈舌戰來攻訐各式各樣的人。幸好大家存在一個默契，只要某個人的親朋好友聽到湯姆・克林斯在說他的壞話，他們就會趕緊去告知受害者，讓他去把湯姆・克林斯揪出來說個明白。

「你有見到湯姆・克林斯嗎？」已成為眾人見面時必聊的話題。各家報紙也都登出目擊這位全美通緝犯的相關新聞。 就連遠在美國中西部俄亥俄州的《斯托本維爾先鋒日報》，都曾報導這個以訛傳訛的惡作劇：「焦急的年輕人在星期六的紐約大街上，拚命追拿這位誹謗家湯姆・克林斯。」

▲ 1874 年間，關於湯姆・克林斯的謠傳，就像野火般蔓延紐約的街頭巷尾。究竟這位鼎鼎大名的造謠者是何許人？事後證實他竟然只是一個虛構的訛傳。

成為全球調酒界的必備詞彙

這段風潮持續到 1876 年才終於停息下來，幾乎沒有人再宣稱他們見到湯姆・克林斯了。就在那個時期，美國調酒之父傑瑞・湯瑪士（Jerry Thomas）正準備再版他的名著《調酒師指南暨調酒作法大全：生活品味家的伴手書》（*The Bartender's Guide: How to mix Drinks: A Bon Vivant's Companion*）。這本全世界首部雞尾酒全書於 1862 年初版，早已成為調酒界必備的教科書，而且在 150 年後的今日，仍繼續在印行流通。

儘管我們無法證實湯姆・克林斯根本就是傑瑞・湯瑪士所杜撰出的，或他只是拿當時盛行的新聞主角來為他的特調命名，最合理的解釋就是：至少這位美國最偉大的調酒師很聰明，抓住一個大好機會，

搭上湯姆‧克林斯潮流的順風船，為自己的新發明造勢。

到了 1878 年，這款湯姆克林斯特調的人氣達到最高峰，就如美國酒譜作者 O.H. 拜隆（O.H. Byron）在《當代調酒師指南》（*Modern Bartender's Guide*）一書中所描述：「它在每個地方都是雞尾酒熱門排行榜的冠軍。」

然而，隨著 1920 年禁酒令年代的來臨，它漸漸退了流行，直到數年後，當美式酒吧開始出現在倫敦、巴黎、羅馬等歐洲大城市，湯姆克林斯才又重現江湖。**被列入每一本調酒指南的湯姆克林斯，於是成為全球調酒界的必備詞彙。**

湯姆克林斯、約翰克林斯，同時存在，非演化關係

隨著時光推進，一些與湯姆克林斯起源相關的野史又重新流傳開來。其中一版傳說它最開始是源於一款威士忌特調，以倫敦某酒店的首席服務員約翰‧克林斯（John Collins）命名，然後在不久後因為新出的《老湯姆牌琴酒》（Old Toms Gin）而被改稱為湯姆克林斯。

但根據史料記載，約翰克林斯這款酒首度出現是在傑瑞‧湯瑪士 1891 年版的《調酒師指南》，而那本書同時也收錄了湯姆克林斯的酒譜。由此推斷，這兩款雞尾酒應該是同時存在才對，而不是如上述傳說所宣稱的演化關係。

50 活力十足，不過
你至少要等 12 分鐘——
拉莫斯琴費士 Ramos Gin Fizz

接下來要介紹的是一杯需要耐心等候的特調。

小名又叫拉莫斯費士（Ramos Fizz）或紐奧良費士（New Orleans Fizz）這一款雞尾酒，至少**需要花費 12 分鐘調製，才能把空氣完全攪和進蛋白裡，並且使香氣與酒精充分結合**。但只要啜飲一口，保證

© Corbis

▲ 在紐奧良狂歡節期間，成千上萬的人群暢飲拉莫斯琴費士，眾多酒吧都隨著忙碌搖動的雪克杯晃個不停。

你會覺得 12 分鐘的等待非常值得。令人精神一振的清新檸檬香，再搭配有趣的奶泡，這真是杯娛樂效果十足、逗人發笑的特調。

紐奧良酒吧文化，讓發泡性酒飲發揚光大

1880 年代，美國喧鬧的雞尾酒吧，正是這類**以蘇打水做成的發泡性酒飲（又稱費士）的誕生之地。然而，它們真正得以聲名遠播，則要感謝將其發揚光大的紐奧良市**。在 1887 年傑瑞·湯瑪士的著作《調酒師指南》裡，收錄了首批氣泡琴酒的酒譜，其中包含六份酒譜。

在 1888 年，調酒師亨利·西·拉莫斯（Henry C. Ramos）發明了這款拉莫斯琴費士。發明地點位於格拉維耶街（Gravier Street），正是當時拉莫斯服務的「皇家內閣沙龍酒吧」（Imperial Cabinet Saloon）。起初，拉莫斯決定以他的家鄉紐奧良為他的新品命名，但沒過多久，大家就都開始改稱它為拉莫斯琴費士，來紀念原創者。

到了 1915 年，拉莫斯轉戰到對街的「單身漢酒吧」（Stag）。這可是個很具歷史意義的酒吧；美國酒保史丹利·克利斯比·亞瑟（Stanley Clisby Arthur）在他 1937 年的著作《出名的紐奧良調酒及其作法》（*Famous New Orleans Drinks and How to Mix'Em*）特別描述：「單身漢酒吧那一長排站在吧檯後面，忙得不可開交、不間斷的搖著雪克杯的男侍者們，堪稱是 1915 年紐奧良狂歡節的一大奇觀。」由此可知**在當時，拉莫斯琴費士已經成為紐奧良酒吧文化中不可或缺的一部分。**

拉莫斯一直將他的原創酒譜視為絕對機密，一直到 1920 年禁酒令開始實施，為了不讓拉莫斯琴費士就此消聲匿跡，他不但把配方公諸於世，還積極的四處散發。

隨著州長之旅，散播到了紐約

　　出於和其他紐奧良人一般對這款混合了橘花水和蛋白的雞尾酒的極度熱愛，做過路易西安納州州長的參議員休伊・皮爾斯・朗（Huey P. Long），在 1935 年的某趟紐約之旅，特地要求一位紐奧良當地的調酒師隨行。

　　如此一來，他不僅能在旅途中繼續享受他的最愛，還能讓那位調酒師好好調教紐約的同行們，如何做出一杯像樣的拉莫斯琴費士。對這個故事的真實性感到好奇的人，可以求證於美國雞尾酒博物館——是的，它就位於紐奧良——所收藏的相關新聞史料。

© Mary Evans Picture Librar

▲ 1930 年間，以啜飲雞尾酒來揭開夜間餘興的序幕，已然蔚為風潮。

　　現今的調酒界不乏更時髦、賣相更吸引人的新款酒飲，而且還有不少人會擔心酒裡加了生雞蛋是否不大衛生，但只要你壯著膽點杯拉莫斯琴費士喝喝看，它會帶著你搭乘時光機回到最早期的雞尾酒年代，**體驗那個活力十足的魅力城市。**

經典酒譜，讓你享受微醺的魅力

10 款調酒的成分、製作時須注意的事項。

不管你是調酒的初學者，還是調酒的愛好者，甚至是酒保，

都能讓你享受品酩的樂趣！

※未成年請勿飲酒

41 貝里尼

 材料

- 白蜜桃果漿 50 毫升
- 普羅塞柯氣泡酒 100 毫升

 作法

❶ 將白蜜桃果漿倒入冰過的香檳高腳杯底。

❷ 續作法 1 的杯中,將普羅塞柯酒緩緩倒滿整個酒杯即可。

42 柯夢波丹

 材料

- 檸檬口味伏特加 30 毫升
- 君度橙酒（Cointreau）*15 毫升
- 萊姆汁 15 毫升
- 蔓越莓果汁 15 毫升
- 冰塊適量、橘皮（裝飾用）

作法

❶ 將伏特加、君度橙酒、萊姆汁、蔓越
莓果汁與冰塊放入雪克杯中用力搖勻。

❷ 把作法 1 的酒倒入馬丁尼杯，加上橘
皮點綴即可。

*按：一款法國君度酒廠出品的橙味甜酒，可
作為餐前和餐後酒飲用，且是多款雞尾酒的配
方，如柯夢波丹、瑪格麗塔。

43 瑪格麗塔

 材料

- 檸檬角 1/4 顆、碎海鹽 1 小把
- 龍舌蘭酒 50 毫升
- 君度橙酒 50 毫升
- 萊姆汁 50 毫升

 作法

❶ 用檸檬角沿著玻璃杯沿塗抹一
  圈，然後將酒杯倒蓋在鹽上，使
  鹽沾滿杯緣。

❷ 以碎冰盛滿酒杯。將剩下的幾項
  材料裝入雪克杯搖一搖後，把酒
  液倒入酒杯然後攪拌均勻。建議
  調好後立即享用。

44 馬丁尼

美味關鍵 *Tips*
如果偏好苦一點的馬丁尼，可以自行調整比例，減少苦艾酒的量。

材料

• 琴酒 50 毫升、澀味苦艾酒 15 毫升、冰塊適量、去核醃橄欖 1 顆（裝飾用）

作法

❶ 將所有材料（除橄欖）倒入調酒杯並放入冰塊，拌勻後濾掉冰塊，把酒液倒入冰過的馬丁尼杯，再放入橄欖裝飾，即可。

45 鳳梨可樂達

材料

• 白蘭姆酒 75 毫升、椰漿 50 毫升、新鮮鳳梨汁 50 毫升、新鮮鳳梨片 1 片

作法

❶ 將所有材料及一整杯的碎冰倒入果汁機，然後啟動果汁機攪打至均勻。接著，用濾網濾酒倒入酒杯，再插上一根吸管和鳳梨片，即可。

46 側車賽德卡

材料

• 細砂糖適量、干邑白蘭地 40 毫升、君度橙酒 25 毫升
• 檸檬汁 15 毫升、螺旋狀檸檬皮（裝飾用）

作法

❶ 取一雞尾酒杯，將酒杯倒蓋在細砂糖中，使杯沿沾滿糖，再將所有材料（除了檸檬皮）倒入裝了半滿冰塊的雪克杯，搖晃均勻。接著，將酒液倒入酒杯，最後放入螺旋狀檸檬皮，即可。

47 薄荷朱利普

 材料

- 新鮮薄荷 4 枝
- 波本威士忌 60 毫升
- 糖粉 1 茶匙
- 水 2 茶匙

 作法

❶ 把 3 枝薄荷葉、糖粉和水放到柯林杯底稍微擠壓，盡量小心不要弄碎薄荷葉，避免苦味滲出。

❷ 續作法 1 將酒杯裝滿碎冰，倒入波本威士忌，再加入碎冰至 9 分滿後，放入 1 枝薄荷裝飾，最後放入一根吸管，即可。

48 內格羅尼

 材料

- 金巴利開胃酒 30 毫升
- 甜味苦艾酒 30 毫升
- 螺旋狀橘皮（裝飾用）

 作法

❶ 將所有材料（除橘皮）倒入調酒杯，並以長酒匙拌勻後，將濾過的酒液倒入裝滿冰塊的雙份威士忌杯，最後放入橘皮裝飾，即可。

49

50

49 湯姆克林斯

材料

- 糖漿 1 大茶匙、檸檬汁 1 顆
- 琴酒（普利茅斯或倫敦牌）125 毫升
- 冰塊 4 塊、蘇打水適量

作法

① 將所有材料（除蘇打水）倒入柯林杯中攪拌，然後加入冰塊，再將蘇打水倒滿柯林杯，並拌勻即可。建議調好後立即享用。

50 拉莫斯琴費士

材料

- 琴酒 50 毫升、淡奶油 30 毫升
- 現擠檸檬汁 1/2 顆
- 現擠萊姆汁 1/2 顆
- 蛋白 1 顆、細糖粉 1 茶匙
- 橘花水 1 茶匙、濃縮香草精 2 滴
- 冰蘇打水適量

> **美味關鍵 Tips**
> 如果你擔心生蛋白的衛生問題，建議選購經高溫殺菌處理的雞蛋。調製時，請特別注意各材料的分量，才能達到甜與苦之間巧妙的平衡。

作法

① 將所有材料（除蘇打水）依材料順序倒入雪克杯，另加入少許碎冰後，用力搖晃均勻。搖的時間要比一般來得長，這樣才能讓蛋白發泡。

② 將雪克杯裡的酒液倒入高身的威士忌酸酒杯，再注滿蘇打水，即可。

Style 069

點餐，帶上這本書
50 道經典名菜故事和名家獨門食譜，讓你懂「吃」

作　　者／詹姆斯・溫特（James Winter）
譯　　者／陳芳誼
美術編輯／林彥君
副 主 編／馬祥芬
副總編輯／顏惠君
總 編 輯／吳依瑋
發 行 人／徐仲秋
會計助理／李秀娟
會　　計／許鳳雪
版權主任／劉宗德
版權經理／郝麗珍
行銷企劃／徐千晴
行銷業務／李秀蕙
業務專員／馬絮盈、留婉茹
業務經理／林裕安
總 經 理／陳絜吾

國家圖書館出版品預行編目（CIP）資料

點餐，帶上這本書：50 道經典名菜故事和名家獨門食譜，讓
你懂「吃」／詹姆斯・溫特（James Winter）著；陳芳誼
譯 .--
二版 . -- 臺北市：大是文化有限公司，2022.11
320 面；17X23 公分 . --（Style；69）
譯自：Who Put the Beef into Wellington
ISBN 978-626-7192-28-3（平裝）

1. 食物 2. 飲食風俗 3. 食譜

427　　　　　　　　　　　　　　　　111013966

出 版 者／大是文化有限公司
　　　　　臺北市 100 衡陽路 7 號 8 樓
　　　　　編輯部電話：（02）23757911
　　　　　購書相關諮詢請洽：（02）23757911 分機 122
　　　　　24 小時讀者服務傳真：（02）23756999
　　　　　讀者服務 E-mail：dscsms28@gmail.com
　　　　　郵政劃撥帳號：19983366　戶名：大是文化有限公司

法律顧問／永然聯合法律事務所
香港發行／豐達出版發行有限公司
　　　　　Rich Publishing & Distribution Ltd
　　　　　香港柴灣永泰道 70 號柴灣工業城第 2 期 1805 室
　　　　　Unit 1805, Ph.2, Chai Wan Ind City, 70 Wing Tai Rd, Chai Wan, Hong Kong
　　　　　Tel：21726513　Fax：21724355　E-mail：cary@subseasy.com.hk

封面設計／林雯瑛　內頁排版／健呈電腦排版股份有限公司
印　　刷／鴻霖印刷傳媒股份有限公司
二版日期／2022 年 11 月
定　　價／新臺幣 460 元（缺頁或裝訂錯誤的書，請寄回更換）
Ｉ Ｓ Ｂ Ｎ ／ 978-626-7192-28-3
電子書 ISBN ／ 9786267192269（PDF）
　　　　　　　9786267192276（EPUB）

Who Put the Beef into Wellington by James Winter
TEXT © BY JAMES WINTER 2012 , RECIPE PHOTOGRAPHS © ISOBEL WIELD 2012,
FOR OTHER PICTURE CREDITS SEE PAGE 192, DESIGN © KYLE BOOKS 2012
This edition arranged with OCTOPUS PUBLISHING GROUP LIMITED
through BIG APPLE AGENCY, INC., LABUAN, MALAYSIA.
Traditional Chinese edition copyright:
2022 DOMAIN PUBLISHING COMPANY
All rights reserved

有著作權，翻印必究　Printed in Taiwan